高等职业教育土建类BIM应用型教材（建筑信息化管理专业）

BIM 计量与计价

主　编　何　芳　谢　颖
副主编　何远燊　朱宝胜
主　审　满广生

中国水利水电出版社
www.waterpub.com.cn

·北京·

内 容 提 要

　　本书是根据高职高专 BIM 计量与计价课程标准，结合理实一体化教学要求编写完成。主要内容包括：工程计量与计价基础认知、工程量清单编制、工程量清单计价。

　　本书可供高职高专院校建筑类专业教学使用，也可供土建类相关专业及从事建筑工程专业技术人员学习参考。

图书在版编目（CIP）数据

BIM计量与计价 / 何芳，谢颖主编. -- 北京 ：中国
水利水电出版社，2020.8(2022.2重印)
高等职业教育土建类BIM应用型教材. 建筑信息化管
理专业
ISBN 978-7-5170-8768-7

Ⅰ. ①B… Ⅱ. ①何… ②谢… Ⅲ. ①建筑设计－计算
机辅助设计－应用软件－高等职业教育－教材 Ⅳ.
①TU201.4

中国版本图书馆CIP数据核字(2020)第149507号

书　　名	高等职业教育土建类 BIM 应用型教材（建筑信息化管理专业） **BIM 计量与计价** BIM JILIANG YU JIJIA	
作　　者	主　编　何　芳　谢　颖 副主编　何远燊　朱宝胜 主　审　满广生	
出版发行	中国水利水电出版社 （北京市海淀区玉渊潭南路 1 号 D 座　　100038） 网址：www. waterpub. com. cn E - mail：sales@waterpub. com. cn 电话：（010）68367658（营销中心）	
经　　售	北京科水图书销售中心（零售） 电话：（010）88383994、63202643、68545874 全国各地新华书店和相关出版物销售网点	
排　　版	中国水利水电出版社微机排版中心	
印　　刷	清淞永业（天津）印刷有限公司	
规　　格	184mm×260mm　16 开本　16.25 印张　395 千字	
版　　次	2020 年 8 月第 1 版　2022 年 2 月第 2 次印刷	
印　　数	2001—5000 册	
定　　价	**69.80 元**	

　　根据住房和城乡建设部《关于印发推进建筑信息模型应用指导意见的通知》（建质函〔2015〕159 号）的要求，到 2020 年年末，建筑行业甲级勘察、设计单位以及特级、一级房屋建筑工程施工企业应掌握并实现 BIM 与企业管理系统和其他信息技术的一体化集成应用。为响应国家政策的号召，以及出于自身业务需求，利用 BIM 技术增加自身在建筑行业中的竞争力，全国各大设计研究院和高校纷纷成立 BIM 研究中心。近年来，BIM 技术已迅速渗透到工程建设行业的方方面面。无论是大规模、复杂的概念性建筑，还是普遍存在的中小型实用建筑，BIM 技术在我国经历了多年的市场孕育，已经开始起跑加速。

　　本书依据国家现行《建设工程工程量清单计价规范》（GB 50500—2013），（全书简称《计价规范》）、《房屋建筑与装饰工程工程量计算规范》（GB 50854—2013），（全书简称《计量规范》）、《关于印发〈建筑安装工程费用项目组成〉的通知》（建标〔2013〕44 号）、《建筑工程建筑面积计算规范》（GB/T 50353—2013）、《关于深化增值税改革有关政策的公告》（财税〔2019〕39 号）等规范、标准，结合实际工程案例以及品茗算量和计价软件基本操作手册，讲述了 BIM 技术在工程计量与计价中的应用。书中图示尺寸默认为毫米。

　　本书由安徽水利水电职业技术学院何芳、谢颖、朱宝胜、刘雯、庄婵君，亳州职业技术学院杨闪闪，铜陵职业技术学院王文璟，安徽审计职业学院朱余佳，杭州品茗安控信息技术股份有限公司何远燊联合编写。具体分工如下：何芳编写项目 1，谢颖编写项目 2 任务 2.1～任务 2.7，刘雯编写项目 2 任务 2.8～任务 2.10，何远燊编写项目 2 任务 2.11、项目 3 任务 3.4，朱宝胜编写项目 3 任务 3.1，杨闪闪、王文璟、朱余佳编写项目 3 任务 3.2，庄婵君编写项目 3 任务 3.3。本书由何芳、谢颖担任主编并负责全书统稿，由何远燊、朱宝胜担任副主编，满广生担任主审。

　　本书在编写过程中参考了其他文献资料，在此谨向原著作者们致以诚挚的谢意！

　　由于编者水平有限，书中难免存在错漏和不足之处，恳请广大师生及专家、读者批评指正。

编者

2020 年 7 月

项目 1　工程计量与计价基础认知

任务 1.1　基本建设与建设项目的划分

【学习目标】

（1）了解基本建设的概念和程序。

（2）掌握建设项目及其划分层次。

（3）明确建设项目、单项工程、单位工程、分部分项工程的概念。

【相关知识】

1.1.1　基本建设

1.1.1.1　基本建设的概念

基本建设是国民经济各个部门为了扩大再生产而进行的增加固定资产的建设工作，也就是指建造、购置和安装固定资产的活动以及与此有关的其他工作。

基本建设是形成固定资产的生产活动。固定资产是指在其有效使用期内重复使用而不改变其实物形态的主要劳动资料，它是人们生产和活动的必要物质条件。基本建设是一个物质资料生产的动态过程，这个过程概括起来，就是将一定的物资、材料、机器设备通过购置、建造和安装等活动把他转化为固定资产，形成新的生产能力或使用效益的建设工作。

1.1.1.2　基本建设的内容

基本建设的内容很广，主要有以下几个部分。

1. 建筑工程

建筑工程是指通过对各类房屋建筑及其附属设施的建造和其配套的线路、管道、设备的安装活动所形成的工程实体。主要包括以下几类。

（1）永久性和临时性的各种建筑物和构筑物，如住宅、办公楼、厂房、医院、学校、矿井、水塔、栈桥等新建、扩建、改建或复建工程。

（2）各种民用管道和线路的敷设工程，如与房屋建筑及其附属设施相配套的电气、给排水、暖通、通信、智能化、电梯等线路、管道、设备的安装活动。

（3）设备基础。

（4）炉窑砌筑。

（5）金属结构工程。

（6）农田水利工程等。

2. 设备及工器具购置

设备及工器具购置是指按设计文件规定，对用于生产或服务于生产的达到固定资产标准的设备、工器具的加工、订购和采购。

3. 设备安装工程

设备安装工程是指永久性和临时性生产、动力、起重、运输、传动等设备的装备、安装工程，以及附属于被安装设备的管线敷设、绝缘、保温、刷油等工程。

4. 工程建设其他工作

工程建设其他工作是指除上述三项工作之外与建设项目有关的各项工作。其内容因建设项目性质的不同而有所差异。如新建工程主要包括征地、拆迁安置、七通一平、勘察、设计、设计招标、施工招标、竣工验收和试车等。

1.1.2　建设项目

1.1.2.1　建设项目的概念

建设项目又称基本建设项目，是基本建设活动的最终体现。建设项目是指具有设计任务书，按一个总体设计进行施工，经济上实行独立核算，建设和运营中具有独立法人负责的组织机构，并且是由一个或一个以上的单项工程组成的新增固定资产投资项目的统称，如一座工厂、一个矿山、一条铁路、一所医院、一所学校等。

1.1.2.2　建设项目的分类

由于建设项目种类繁多，为了适应科学管理的需要，正确反映建设项目的性质、内容和规模，可以从不同角度对建设项目进行分类。

1. 按建设项目的建设性质划分

按建设项目的建设性质不同可以分为新建、扩建、改建、迁建和恢复等建设项目。

（1）新建项目，指根据国民经济和社会发展的近远期规划，按照规定的程序立项，从无到有、"平地起家"建设的工程项目。或对原有项目重新进行总体设计，并使其新增固定资产价值超过原有固定资产价值3倍以上的建设项目。

（2）扩建项目，指现有企事业单位在原有场地内或其他地点，为扩大产品的生产能力或增加经济效益而增建的生产车间、独立的生产线或分厂的项目；事业和行政单位在原有业务系统的基础上扩充规模而进行的新增固定资产投资项目。

（3）改建工程，指现有企、事业单位对原有厂房、设备、工艺流程等进行技术改造或固定资产更新的项目，包括挖潜、节能、安全、环境保护等工程项目。

（4）迁建项目，指原有企事业单位根据自身生产经营和事业发展的要求，按照国家调整生产力布局的经济发展战略的需要或出于环境保护等其他特殊要求，搬迁到异地而建设的项目。不论规模是维持原状还是扩大建设，均称作迁建项目。

（5）恢复项目，指原有企事业单位和行政单位，因在自然灾害或战争中使原有固定资产遭受全部或部分报废，需要进行投资重建来恢复生产能力和作业条件、生活福利设施等工程项目。这类项目，不论是按原有规模恢复建设，还是在恢复过程中同时进行扩建，都属于恢复项目。但对尚未建设投产或交付使用的项目，受到破坏后，若仍按原设计重建的，原建设性质不变；如果按新设计重建，则根据新设计内容来确定其性质。

工程项目按其性质分为上述五类，一个工程项目只能有一种性质，在项目按总体设计全部建成以前，其建设性质是始终不变的。

2. 按投资作用划分

按投资作用划分，工程项目可分为生产性建设项目和非生产性建设项目。

（1）生产性建设项目，是指直接用于物质生产或直接为物质资料生产服务的工程项目。

1）工业建设项目，包括工业、国防和能源建设项目。

2）农业建设项目，包括农、林、牧、渔、水利建设项目。

3）基础设施建设项目，包括交通、邮电、通信建设项目；地质普查、勘探建设项目等。

4）商业建设项目，包括商业、饮食、仓储、综合技术服务事业的建设项目。

（2）非生产性建设项目，是指用于满足人民物质生活和文化、福利需要的建设和非物质资料生产部门的建设项目。

1）办公用房，国家各级党政机关、社会团体、企业管理机关的办公用房。

2）居住建筑，住宅、公寓、别墅等。

3）公共建筑，科学、教育、文化艺术、广播电视、卫生、博览、体育、社会福利事业、公共事业、咨询服务、宗教、金融和保险业等建设项目。

4）其他工程项目，不属于上述各类的其他非生产性建设项目。

3. 按项目规模划分

为适应对工程项目分级管理的需要，国家规定基本建设项目分为大型、中型、小型 3 类；更新改造项目分为限额以上和限额以下两类。不同等级标准的工程项目，国家规定的审批机关和报建程序也不尽相同。

4. 按项目的效益和市场需求划分

按项目的效益和市场需求划分为竞争性项目、基础性项目和公益性项目。

（1）竞争性项目。主要指投资效益比较高、竞争性比较强的一般性建设项目。其投资主体一般为企业，由企业自主决策、自担投资风险。

（2）基础性项目。主要指具有自然垄断性、建设周期长、投资风险大而收益低的基础设施和需要政府重点扶持的一部分基础工业项目，以及直接增强国力的符合经济规模的支柱产业项目。政府应集中必要的财力、物力通过经济实体进行投资，同时，还应广泛吸收企业参与投资，有时还可吸收外商直接投资。

（3）公益性项目。主要包括科技、文教、卫生、体育和环保等设施，公、检、法等政权机关以及政府机关、社会团体办公设施，国防建设等。公益性项目的投资主要由政府用财政资金来安排。

5. 按项目的投资来源划分

按项目的投资来源划分为政府投资项目和非政府投资项目。

（1）政府投资项目，指为了适应和推动国民经济或区域经济的发展，满足社会的文化、生活需要，以及出于政治、国防等因素的考虑，由政府通过财政投资、发行国债或地方财政债券、利用外国政府捐赠款以及国家财政担保的国内外金融组织的贷款等方式独资或合资兴建的工程项目。在国外也称为公共工程。

按照其盈利性不同，政府投资项目又可分为经营性政府投资项目和非经营性政府投资项目。经营性政府投资项目应实行项目法人责任制，由项目法人对项目的策划、资金筹措、建设实施、生产经营、债务偿还和资产的保值增值，实行全过程负责，使项目的建设与建成后的运营实现一条龙管理。非经营性政府投资项目应推行"代建制"，即通过招标等方式，选择专业化的项目管理单位负责建设实施，严格控制项目投资、质量和工期，待工程竣工验收后再移交给使用单位，从而使项目的"投资、建设、监管、使用"实现四分离。

（2）非政府投资项目，指企业、集体单位、外商和私人投资兴建的工程项目。这类项目一般均实行项目法人责任制，使项目的建设与建成后的运营实现一条龙管理。

1.1.2.3　建设项目的划分

我国每年都要进行大量的工程建设，为了准确地确定出每一个建设项目的全部建设费用，必须对整个基本建设工程进行科学的分析、研究，进行合理划分，以便计算出工程建设费用。为此，必须根据由大到小、从整体到局部的原则对工程建设项目进行多层次的分解和细化。计算工程造价时则是按照由小到大、从局部到整体的顺序先求出每一个基本构成要素的费用，然后逐层汇总计算出整个建设项目的工程造价。所以，基本建设项目按照基本建设管理和合理确定工程造价的需要，划分为建设项目、单项工程、单位工程、分部工程、分项工程 5 个项目层次。

1. 建设项目

建设项目一般是指具有设计任务书和总体规划、经济上实行独立核算、管理上具有独立组织形式的基本建设单位。如一座工厂、一所学校、一所医院等均为一个建设项目。

2. 单项工程

单项工程是指在一个工程项目中，具有独立的设计文件，竣工后能独立发挥生产能力或效益的一组配套齐全的工程项目。单项工程是工程项目的组成部分，一个工程项目可能就是一个单项工程，也可能包括若干个单项工程。生产性工程项目的单项工程，一般是指独立生产的车间，它包括厂房建筑、设备的安装及设备、工具、器具、仪器的购置等。非生产性工程项目的单项工程，如一所学校的教学楼、办公楼、图书馆等。

3. 单位工程

单位工程是单项工程的组成部分。单位工程是指具有独立设计文件，可以独立组织施工，但建成后一般不能独立发挥生产能力或使用效益的工程。如办公楼是一个单项工程，该办公楼的土建工程、室内给排水工程、室内电气照明工程等，均属于单位工程。

4. 分部工程

分部工程是单位工程的组成部分。分部工程是指在一个单位工程中，按工程部位及使用的材料和工种进一步划分的工程。如一般土建单位工程的土石方工程、桩基础工程、砌筑工程、脚手架工程、混凝土和钢筋混凝土工程、金属结构工程、构件运输及安装工程、楼地面工程、屋面工程、装饰工程等，均属于分部工程。

5. 分项工程

分项工程是分部工程的组成部分。分项工程是指在一个分部工程中，按不同的施工方法、不同的材料和规格，对分部工程进一步划分的用较为简单的施工过程就能完成，以适当的计量单位就可以计算其工程量的基本单元。如砌筑工程可划分为砖基础、内墙、外墙、空斗砖墙、砖柱等分项工程。

划分建设项目一般是将其分解成单项工程，然后按单项工程、单位工程、分部工程、分项工程的顺序逐步细分。一个工程建设项目费用的形成过程，是在确定项目划分的基础上进行的。具体计算工作由分项工程量的计算开始，并以其相应分项工程计价为依据。从分项工程开始，按分项工程、分部工程、单位工程、单项工程、建设项目的顺序计算，最后汇总形成整个建设项目的造价，如图 1.1.1 所示，这就是确定建设项目和建筑产品价格的基本原理。

图 1.1.1　建设项目划分示意图

1.1.3　基本建设的程序

　　基本建设程序是指建设项目从设想、选择、评估、决策、设计、施工到竣工验收、投产生产等整个建设过程中，各项工作必须遵循的先后次序法则。

　　按照建设项目发展的内在联系和发展过程，建设程序分为若干阶段，这些发展阶段有严格的先后次序，不能随意颠倒。

　　目前，我国建设项目现行的基本建设程序划分为七个阶段和若干个建设环节，如图1.1.2 所示。

图 1.1.2　我国工程建设程序

1.1.3.1　前期决策阶段

　　前期决策阶段的任务主要包括：编制项目建议书和可行性研究报告两项内容。

　　1. 编制项目建议书

　　项目建议书是根据区域发展和行业发展规划的要求，结合与该项目相关的自然资源、生产力状况和市场预测等信息，经过调查分析，说明拟建项目建设的必要性、条件的可行性、获利的可能性，向国家和省、市、地区主管部门提出的立项建议书。

　　项目建议书的主要内容有：项目提出的依据和必要性；拟建设规模和建设地点的初步设想；资源情况、建设条件、协作关系、引进技术和设备等方面的初步分析；投资估算和资金筹措的设想；项目的进度安排；经济效益和投资效益的分析和初步估价等。

2. 编制可行性研究报告

有关部门根据国民经济发展规划以及批准的项目建议书，运用多种科学研究方法（政治上、经济上、技术上等），对建设项目投资决策前进行的技术经济论证，并得出可行与否的结论即可行性研究报告。其主要任务是研究基本建设项目的必要性、可行性和合理性。可行性研究又可以分为两个阶段：初步可行性研究和详细可行性研究。

（1）初步可行性研究（筛选方案），也称预可行性研究，是在机会研究的基础上，对项目方案进行的进一步技术经济论证，为项目是否可行进行初步判断。

研究的主要目的是判断项目是否值得投入更多的人力和资金进行进一步深入研究，判断项目的设想是否具有生命力，并据以做出是否投资的初步决定。

（2）详细可行性研究，是通过对项目的主要内容和配套条件，如市场需求、资源供应、建设规模、工艺线路、设备选型、环境影响、投资估算、资金筹措、盈利能力等，从技术、经济、工程等方面进行调查研究和分析比较，并对项目建成以后可能取得的财务、经济效益及社会环境影响进行预测、分析和评价，为项目决策提供依据的一种综合性的系统分析方法。可行性研究的最后结果是可行性研究报告。

可行性研究报告经有关部门批准后，作为确定建设项目、编制设计文件的依据。经批准的可行性研究报告，不得随意修改和变更。如有变更应经原批准机关同意。

与前期决策阶段相对应的造价是建设项目的投资估算造价。投资估算是指在投资决策阶段，由业主或其委托的具有相应资质的咨询机构，根据投资估算指标、类似工程的造价资料、现行的设备材料价格并结合工程的实际情况，对拟建项目所需投资进行预先测算和确定的过程，内容包括拟建项目从筹建、施工直至竣工投产所需的全部费用。投资估算是判断项目可行性、进行项目决策的主要依据之一，也是项目筹资和控制造价的主要依据。

1.1.3.2　勘察设计阶段

1. 勘察的主要任务

勘察的主要任务是根据建设工程的要求，对建设场地的地形、地质构造等进行实地调查和勘探，查明、分析、评价建设场地的地质、地理环境特征和岩土工程条件，编制建设工程勘察文件，为建设项目的设计提供准确的地质资料。

2. 设计阶段的主要任务

建设项目设计是指根据建设项目的要求，对建设项目所需的技术、经济、资源、环境等条件进行综合分析、论证，编制建设项目设计文件的活动。

可行性研究报告和选址报告批准后，建设单位或其主管部门可以委托或通过设计招投标方式选择设计单位，按可行性研究报告中的有关要求，编制设计文件。

设计文件是安排建设项目和组织工程施工的主要依据。

对于一般的大中型项目，一般采用两阶段设计，即初步设计和施工图设计；对于技术上复杂且缺乏设计经验的项目，应增加技术设计阶段。

（1）初步设计。初步设计的目的是确定建设项目在确定地点和规定期限内进行建设的可能性和合理性，从技术上和经济上对建设项目做出全面规划和合理安排，做出基本技术决定和确定总的建设费用，以便取得最好的经济效益。

在初步设计阶段编制的造价是设计概算造价。设计概算是指在初步设计阶段，由设计单位在投资估算的控制下，根据初步设计图纸及说明、概算定额、各项费用定额、设备、材料预算价格等资料，编制和确定的建设项目从筹建到竣工交付使用所需全部费用的文件。设计概算是初步设计文件的重要组成部分，与投资估算相比，准确性有所提高，但应在投资估算造价控制之内，并且是控制拟建项目投资的最高限额。概算造价可分为建设项目概算总造价、单项工程概算综合造价和单位工程概算造价三个层次。当总概算超过可行性研究报告投资估算的 10％以上或其他主要指标需要变动时，重新报批。

（2）技术设计。为了研究和决定初步设计所采用的工艺过程、建筑与结构形式等方面的主要技术问题，补充完善初步设计。

在技术设计阶段编制的造价是修正概算造价。修正概算造价是指当采用三阶段设计时，在技术设计阶段，随着对初步设计的深化，建设规模、结构性质、设备类型等方面的修改和变动，由设计单位对初步设计概算进行修正和调整。修正概算造价比设计概算准确，但不能超过设计概算。

（3）施工图设计。施工图设计是在批准的初步设计基础上制定的，比初步设计具体、准确，是进行建筑安装工程、管道铺设、钢筋混凝土和金属结构、房屋构造等施工所采用的施工图，是现场施工的依据。

在施工图设计阶段编制的造价是施工图预算。施工图预算又称预算造价，是指在施工图设计阶段，由施工单位根据施工图纸以及各种计价依据和有关规定计算的工程预期造价。它比设计概算或修正概算更为详尽和准确，但不能超过设计概算或修正概算，其费用内容为建筑安装工程造价。

1.1.3.3 建设准备阶段

为了保证工程按期开工并顺利进行，在开工建设前必须做好各项准备工作。这一阶段的准备工作主要包括：征地、拆迁、七通一平、招投标选择施工单位、监理单位、材料、设备供应商、办理施工许可证等。

在建设准备阶段编制的造价主要是招标控制造价和投标报价或合同价。合同价是指在工程招投标阶段，在签订总承包合同、建筑安装工程施工承包合同、设备材料采购合同时，由发包方和承包方共同协商一致作为双方结算基础的工程合同价格。合同价属于市场价格的性质，它是承发包双方根据市场行情共同议定和认可的成交价格，但它并不等同于最终决算的实际工程造价，其费用内容与合同标的有关。

1.1.3.4 施工阶段

施工阶段是将设计方案变成工程实体的阶段，建设单位取得施工许可证方可开工。施工阶段的主要任务是：按照设计施工图进行施工安装，建成工程实体，实现项目质量、进度、投资、安全、环保等目标。

在施工阶段编制的造价主要是工程结算。结算价是指在合同实施阶段，以合同价为基础，同时考虑影响工程造价的设备与材料价差、工程变更等因素，按合同规定的调价范围和调价方法对合同价进行必要的修正和调整后确定的价格。结算价反映的是该承发包工程的实际价格，其结算的费用内容为已完工程的建筑安装工程造价。

1.1.3.5 项目投产前的准备阶段

在项目竣工投产前，根据项目的实际情况，由建设单位组织专门团队或机构，有计划地做好项目的准备工作。

（1）组建管理机构，制定管理制度和相关规定。

（2）招收并培训生产人员，组织生产人员参加设备的安装、调试和验收。

（3）对原料、材料、协作产品、水、电、燃料等供应及运输协议的签订。

项目投产前的准备工作是由建设阶段转入经营阶段的一个关键环节。

1.1.3.6 竣工验收阶段

当工程项目按设计文件的规定内容和施工图纸的要求全部完成后，由施工单位向建设单位提出竣工验收申请报告，由建设单位组织验收。竣工验收是工程建设过程的最后一环，是全面考核建设成果、检验设计和工程质量的重要步骤，也是项目建设转入生产和使用的标志。其目的为：

（1）检验设计和工程质量，及时发现和解决影响生产的问题，保证项目按设计要求的技术经济指标正常生产。

（2）建设单位对验收合格的项目可以及时移交固定资产，使其由建设系统转入生产或投入使用。凡符合竣工条件而不及时办理竣工验收的，一切费用不准再由投资中支出。

根据有关规定，竣工验收分为初步验收和竣工验收。

验收合格后，施工单位编制竣工结算，建设单位编制竣工决算。竣工决算价是指在整个建设项目或单项工程竣工验收移交后，由业主的财务部门及有关部门以竣工结算等为依据编制的反映建设项目实际造价和投资效果的文件，是竣工验收报告的重要组成部分，其费用内容包括建设项目从筹建、施工直至竣工投产所实际支出的全部费用。

1.1.3.7 项目后评价阶段

项目后评价是在项目竣工投产运营一段时间后，对项目的立项决策、设计施工、竣工投产、生产运营和建设效益等进行系统评价的一种技术活动。项目竣工验收是工程建设完成的标志，但不是工程建设程序的结束。项目是否达到投资决策时所确定的目标，只有经过生产经营或使用后，根据取得的实际效果进行准确判断。只有经过项目后评价，才能反映项目投资建设活动所取得的效益和存在的问题。

项目后评价也是项目建设程序中的一个重要环节。

任务 1.2 定 额 的 应 用

【学习目标】

（1）了解定额的概念及分类。

（2）掌握工料机定额消耗量的确定方法。

（3）掌握定额的使用方法。

【相关知识】

1.2.1 工程定额的概念

工程定额是指在合理的劳动组织、合理地使用材料及机械的条件下，完成一定计量单位的合格建筑产品所必须消耗资源的数量标准。应从以下几方面理解工程定额。

（1）工程定额是专门为建设生产而制定的一种定额，是生产建设产品消耗资源的限额规定。

（2）工程定额的前提条件是劳动组织合理、材料及机械得到合理的使用。

（3）工程定额是一个综合概念，是各类工程定额的总称。

（4）合格是指建筑产品符合施工验收规范和业主的质量要求。

（5）建筑产品是个笼统概念，是工程定额的标定对象。

（6）消耗的资源包括人工、材料和机械。

1.2.2 工程定额的用途

实行工程建设定额的目的是力求用最少的资源，生产出更多合格的建设工程产品，取得更加良好的经济效益。

工程定额是工程造价计价的主要依据。在编制设计概算、施工图预算、竣工决算时，无论是划分工程项目、计算工程量，还是计算人工、材料和施工机械台班的消耗量，都是以工程定额为标准依据的。

1.2.3 工程定额的分类

工程定额是一个综合概念，是各类工程定额的总称。因此，在工程造价的计价中，需要根据不同的情况套用不同的定额。工程定额的种类很多，根据不同的分类标准可以划分为不同的定额，下面重点介绍几种主要的分类。

1.2.3.1 按生产要素分类

按生产要素分类，主要分为劳动定额、材料消耗定额和机械台班使用定额三种，如图1.2.1所示。

（1）劳动定额。又称人工定额，是指在正常生产条件下，完成单位合格产品所需要消耗的劳动力的数量标准。劳动定额反映的是活劳动消耗。按照反映活劳动消耗的方式不同，劳动定额表现为两种形式：时间定额和产量定额，如图1.2.1所示。

1）人工时间定额是指在一定的生产技术和生产组织条件下，生产单位动的时间数量标准。其计量单位为：工日。按照我国现行的工作制度，1工日＝8工时。

图 1.2.1 按生产要素分类

2）人工产量定额是指在一定的生产技术和生产组织条件下，生产工人在单位时间内生产合格产品的数量标准。其计量单位没有统一的单位，以产品的计量单位为准。

（2）材料消耗定额。材料消耗定额是指在节约和合理使用材料的条件下，生产单位合格产品需要消耗的一定品种、一定规格的建筑材料的数量标准，包括原材料、成品、半成品、构配件、燃料及水电等资源。

（3）机械台班使用定额。又称机械使用定额，是指在正常生产条件下，完成单位合格产品需要消耗的机械的数量标准。按照反映机械消耗的方式不同，机械台班使用定额同样表现为两种形式：时间定额和产量定额，如图1.2.1所示。

1）机械时间定额：机械时间定额是指在一定的生产技术和生产组织条件下，生产单位合格产品所消耗的机械的时间数量标准。其计量单位为：台班。按现行工作制度，1台班=1台机械工作8小时。

2）机械产量定额：机械产量定额是指在一定的生产技术和生产组织条件下，机械在单位时间内生产合格产品的数量标准。其计量单位没有统一的单位，以产品的计量单位为准。

1.2.3.2 按编制的程序和用途分类

按编制的程序和用途分类，主要分为以下几种定额，如图1.2.2所示。

图1.2.2 按编制的程序和用途分类

（1）施工定额。施工定额是以同一施工过程为标定对象，确定一定计量单位的某种建筑产品所需要消耗的人工、材料和机械台班使用的数量标准。

施工定额是施工单位内部管理的定额，是生产、作业性质的定额，属于企业定额的性质。其用途有两个：一是用于编制施工预算、施工组织设计、施工作业计划，考核劳动生产率和进行成本核算的依据；二是编制预算定额的基础资料。

施工定额是一种计量性定额，即只有工料机消耗的数量标准。

（2）预算定额。预算定额是以分项工程为标定对象，确定一定计量单位的某种建筑产品所必须消耗的人工、材料和施工机械台班使用的数量及费用标准。

预算定额是以施工定额为基础编制的，它是在施工定额的基础上综合和扩大。其用途有两个：一是用以编制施工图预算，确定建筑安装工程造价，编制施工组织设计和工程竣工决算的依据；二是编制概算定额和概算指标的基础。

（3）概算定额。概算定额是以扩大分项工程为标定对象，确定一定计量单位的某种建筑产品所必须消耗的人工、材料和施工机械台班使用的数量及费用标准。

概算定额是预算定额的扩大与合并，包括的工程内容很综合，非常概略。其用途是方案设计阶段编制设计概算的依据。

（4）概算指标。概算指标是以整个建筑物为标定对象，确定每$100\,m^2$建筑面积所必须消耗的人工、材料和施工机械台班使用的数量及费用标准。

概算指标比概算定额更加综合和扩大，概算指标中各消耗量的确定，主要来自于各种工程的概预算和决算的统计资料。其用途是编制设计概算的依据。

（5）投资估算指标。投资估算指标以独立的单项工程或完整的建设项目为对象，确定的人工、材料和施工机械台班使用的数量及费用标准。

投资估算指标是决策阶段编制投资估算的依据，是进行技术经济分析、方案比较的依据，对于项目前期的方案选定和投资计划编制有着重要的作用。

预算定额、概算定额、概算指标和估算指标都是一种计价性定额。

1.2.3.3 按投资的费用性质分类

按投资的费用性质分类,主要分为以下几种定额,如图 1.2.3 所示。

图 1.2.3 按投资的费用
性质分类

(1) 建筑工程定额。建筑工程定额是建筑工程的施工定额、预算定额、概算定额、概算指标的统称。它是计算建筑工程各阶段造价主要的参考依据。

(2) 安装工程定额。安装工程定额是安装工程的施工定额、预算定额、概算定额、概算指标的统称。它是计算安装工程各阶段造价主要的参考依据。

(3) 建筑工程费用定额。建筑工程费用定额是关于建筑安装工程造价中除了直接工程费外的其他费用的取费标准。它是计算措施费、间接费、利润和税金主要的参考依据。

(4) 工程建设其他费用定额。工程建设其他费用定额是独立于建筑安装工程、设备和工器具购置之外的其他费用开支的标准,它的发生和整个项目的建设密切相关,其他费用定额按各项费用分别制定。它是计算工程建设其他费用的主要参考依据。

1.2.3.4 按专业性质分类

按专业性质分类,可以分为以下几类,如图 1.2.4 所示。

(1) 建筑工程消耗量定额。建筑工程是指房屋建筑的土建工程。建筑工程消耗量定额,是指各地区(或企业)编制确定的完成每一建筑分项工程(即每一土建分项工程)所需人工、材料和机械台班消耗量标准的定额。它是业主或建筑施工企业(承包商)计算建筑工程造价主要的参考依据。

图 1.2.4 按专业性质分类

(2) 装饰工程消耗量定额。装饰工程是指房屋建筑室内外的装饰装修工程。装饰工程消耗量定额,是指各地区(或企业)编制确定的完成每一装饰分项工程所需人工、材料和机械台班消耗量标准的定额。它是业主或装饰施工企业(承包商)计算装饰工程造价主要的参考依据。

(3) 安装工程消耗量定额。安装工程是指房屋建筑室内外各种管线、设备的安装工程。安装工程消耗量定额,是指各地区(或企业)编制确定的完成每一安装分项工程所需人工、材料和机械台班消耗量标准的定额。它是业主或安装施工企业(承包商)计算安装工程造价主要的参考依据。

(4) 市政工程消耗量定额。市政工程是指城市道路、桥梁等公用公共设施的建设工程。市政工程消耗量定额,是指各地区(或企业)编制确定的完成每一市政分项工程所需人工、材料和机械台班消耗量标准的定额。它是业主或市政施工企业(承包商)计算市政工程造价主要的参考依据。

(5) 园林绿化工程消耗量定额。园林绿化工程是指城市园林、房屋环境等的绿化统称。园林绿化工程消耗量定额,是指各地区(或企业)编制确定的完成每一园林绿化分项工程所需人工、材料和机械台班消耗量标准的定额。它是业主或园林绿化施工企业(承包商）计算市政工程造价主要的参考依据。

（6）矿山工程消耗量定额。矿山工程是指自然矿产资源的开采、矿物分选、加工的建设工程。矿山工程消耗量定额，是指各地区（或企业）编制确定的完成每一矿山分项工程所需人工、材料和机械台班消耗量标准的定额。它是业主或矿山施工企业（承包商）计算矿山工程造价主要的参考依据。

1.2.3.5　按编制单位和执行范围分类

按编制单位和执行范围分类，主要分为以下几类，如图 1.2.5 所示。

图 1.2.5　按编制单位和
执行范围分类

（1）全国统一定额。全国统一定额由国家建设行政主管部门制定发布，在全国范围内执行的定额，如全国统一建筑工程基础定额、全国统一安装工程预算定额。

（2）行业统一定额。行业统一定额由行业行政主管部门制定发布，一般只在本行业和相同专业性质的行业内使用的定额，如冶金工程定额、水利工程定额、铁路或公路工程定额。

（3）地区统一定额。地区统一定额由省、自治区、直辖市行政主管部门制定颁布，一般只在规定的地区范围内使用的定额，如××省建筑工程预算定额、××省装饰工程预算定额、××省安装工程预算定额等。

（4）企业定额。企业定额是由建筑施工企业考虑本企业生产技术和组织管理等具体情况，参照统一部门或地方定额的水平制定的，只在本企业内部使用的定额。

（5）临时补充定额。临时补充定额是指某工程有统一定额和企业定额中未列入的项目，或在特殊施工条件下无法执行统一的定额。由注册造价师和有经验的工作人员根据本工程的施工特点、工艺要求等直接估算的定额。临时补充定额制定后必须报上级主管部门批准。临时补充定额是一次性的，只适合本工程项目。

1.2.4　施工定额工料机消耗量的编制

施工定额是按编制程序和用途分类的一种最基础的定额，由劳动消耗定额、材料消耗定额、机械台班消耗定额组成，是一种计量性定额。施工定额是按照社会平均先进生产力水平编制的，反映企业的施工水平、装备水平和管理水平，是考核施工企业劳动生产率水平、管理水平的标尺，是施工企业确定工程成本和投标报价的依据。

1.2.4.1　劳动消耗定额

1. 劳动消耗定额的概念

劳动消耗定额又称人工消耗定额，简称劳动定额或人工定额，是指在正常施工技术组织条件下，完成单位合格产品所必需的劳动消耗量的标准。劳动定额应反映生产工人劳动生产率的平均水平。

2. 劳动消耗定额的表现形式

劳动定额有两种基本的表现形式，即时间定额和产量定额。定额表中有单式、复式两种表示方法。复式表示方法见表 1.2.1。

表 1.2.1 　　　　　　　　　　　　　　　　　　　砖　墙

工作内容：包括砌墙面艺术形式、墙垛、平磁及安装平磁模板，梁板头砌砖，梁板下塞砖，楼楞间砌砖，留楼梯踏步斜槽，留孔洞，砌各种凹进处，山墙泛水槽，安放木砖、铁件，安放 60kg 以内的预制混凝土门窗过梁、隔板、垫块以及调整立好后的门窗框等。

每 1m³ 砌体的劳动定额

项目		双面清水				单面清水					序号
		0.5 砖	1 砖	1.5 砖	2 砖及 2 砖以外	0.5 砖	0.75 砖	1 砖	1.5 砖	2 砖及 2 砖以外	
综合	塔吊	$\frac{1.49}{0.671}$	$\frac{1.2}{0.833}$	$\frac{1.14}{0.877}$	$\frac{1.06}{0.943}$	$\frac{1.45}{0.69}$	$\frac{1.41}{0.709}$	$\frac{1.16}{0.862}$	$\frac{1.08}{0.926}$	$\frac{1.01}{0.99}$	一
	机吊	$\frac{1.69}{0.592}$	$\frac{1.41}{0.709}$	$\frac{1.34}{0.746}$	$\frac{1.26}{0.794}$	$\frac{1.64}{0.61}$	$\frac{1.61}{0.621}$	$\frac{1.37}{0.73}$	$\frac{1.28}{0.781}$	$\frac{1.22}{0.82}$	二
砌砖		$\frac{0.996}{1}$	$\frac{0.69}{1.45}$	$\frac{0.62}{1.62}$	$\frac{0.54}{1.85}$	$\frac{0.952}{1.05}$	$\frac{0.908}{1.1}$	$\frac{0.65}{1.54}$	$\frac{0.563}{1.78}$	$\frac{0.494}{2.02}$	三
运输	塔吊	$\frac{0.412}{2.43}$	$\frac{0.418}{2.39}$	$\frac{0.418}{2.39}$	$\frac{0.418}{2.39}$	$\frac{0.412}{2.43}$	$\frac{0.415}{2.41}$	$\frac{0.418}{2.39}$	$\frac{0.418}{2.39}$	$\frac{0.418}{2.39}$	四
	机吊	$\frac{0.61}{1.64}$	$\frac{0.619}{1.62}$	$\frac{0.619}{1.62}$	$\frac{0.169}{1.62}$	$\frac{0.61}{1.64}$	$\frac{0.613}{1.63}$	$\frac{0.169}{1.62}$	$\frac{0.619}{1.62}$	$\frac{0.169}{1.62}$	五
调制砂浆		$\frac{0.081}{12.3}$	$\frac{0.096}{10.4}$	$\frac{0.101}{9.9}$	$\frac{1.102}{9.8}$	$\frac{0.081}{12.3}$	$\frac{0.085}{11.8}$	$\frac{0.096}{10.4}$	$\frac{0.101}{9.9}$	$\frac{0.102}{9.8}$	六
编号		4	5	6	7	8	9	10	11	12	

（1）时间定额。时间定额又称工时定额，是指某种专业的工人班组或个人，在合理的劳动组织与合理使用材料的条件下，完成质量合格的单位产品所必需的工作时间。

时间定额一般采用工日为计量单位，即：工日/m³、工日/m²、工日/m……

每个工日工作时间，按现行制度规定为 8 小时。

时间定额的计算公式为

$$时间定额 = \frac{工人工作时间}{完成产品数量} \qquad (1.2.1)$$

（2）产量定额。产量定额又称每工产量，是指某种专业的工人班组或个人，在合理的劳动组织与合理使用材料的条件下，单位工日应完成符合质量要求的产品数量。

产量定额的计量单位，通常是以一个工日完成合格产品的数量表示。即：m³/工日、m²/工日、m/工日……

产量定额的计算公式为

$$产量定额 = \frac{完成产品数量}{工人工作时间} \qquad (1.2.2)$$

（3）时间定额与产量定额的关系。时间定额与产量定额是互为倒数关系。即

$$时间定额 \times 产量定额 = 1 \qquad (1.2.3)$$

或

$$时间定额 = \frac{1}{产量定额} \qquad (1.2.4)$$

3. 劳动消耗定额的编制方法

由上述可知，劳动定额根据其表现形式的不同，分为时间定额和产量定额，而且劳动定额一般采用时间定额形式。因此。确定劳动定额时首先根据工人工作时间的划分确定其

时间定额，然后再倒数求其产量定额。

（1）工人工作时间及其分类。工人工作时间是指工人在工作班内消耗的工作时间，按照我国现行的工作制度。工人在一个工作班内消耗的工作时间是 8 小时。按其消耗的性质，基本可以分为两大类：定额时间和非定额时间，如图 1.2.6 所示。

图 1.2.6　工人工作时间的分类

1）定额时间。定额时间是指在正常施工条件下，工人为完成一定产品所必须消耗的工作时间，包括有效工作时间、休息时间和不可避免的中断时间，如图 1.2.6 所示。

a. 有效工作时间是从生产效果来看与产品生产直接有关的时间消耗，它又可分为基本工作时间、辅助工作时间、准备与结束工作时间，如图 1.2.6 所示。

（a）基本工作时间。基本工作时间是指直接与施工过程的技术作业发生关系的时间消耗，其时间消耗的多少与任务量的大小成正比。如在砌砖工作中，从选砖开始直到将砖铺放到砌体上的全部时间消耗即属于基本工作时间。通过基本工作，其最大的特点是使劳动对象直接发生变化。具体表现如下。

a）改变材料的外形，如钢管煨弯。

b）改变材料的结构和性质，如混凝土制品的生产。

c）改变材料的位置，如构件的安装。

d）改变材料的外部及表面性质，如油漆、粉刷等。

（b）辅助工作时间。辅助工作时间是指与施工过程的技术作业没有直接关系的工序，为保证基本工作能顺利完成而做的辅助工作而消耗的时间。其特点是不直接导致产品的形态、性质、结构位置发生变化，其时间消耗的多少与任务量的大小成正比，如工具磨快、移动人字梯等。

（c）准备与结束工作时间。准备与结束工作时间是指在正式工作前或结束后为准备工作和收拾整理工作所需要花费的时间。一般分为班内的准备与结束工作时间和任务内的准备与结束工作时间两种。班内的准备与结束工作具有经常性的每天的工作时间消耗特性，如每天上班领取料具、交接班等。任务内的准备与结束工作，由工人接受任务的内容决定，如接受任务书、技术交底等。其时间消耗的多少与任务的复杂程度有关，而与工人接受任务的数量大小无直接关系。

b. 休息时间。休息时间是指工人在施工过程中为恢复体力所必需的短暂的间歇及因个人需要而消耗的时间（如喝水、上厕所等）。其目的是为了保证工人精力充沛地进行工作，但午休时间不包括在休息时间之中。休息时间的长短和劳动条件有关，劳动繁重紧张、劳动条件差（如高温天气），则工作休息时间需要延长。

c. 不可避免的中断时间。不可避免的中断时间是指由于施工过程中技术或组织的原因，以及独有的特性而引起的不可避免的或难以避免的中断时间，如汽车司机在等待装卸货物和交通信号所消耗的时间。

2）非定额时间。非定额时间是指一个工作班内因停工而损失的时间，或执行非生产性工作所消耗的时间。非定额时间是不必要的时间消耗，包括多余或偶然工作时间、停工时间和违背劳动纪律的损失时间。

a. 多余或偶然工作时间。多余或偶然工作时间是指在正常施工条件下不应发生的时间消耗或由于意外情况而引起的工作所消耗的时间，如质量不符合要求，返工造成的多余的时间消耗。多余工作的工时损失，一般都是由于工程技术人员和工人的差错而引起的，不应计入定额时间中。

偶然工作也是工人在任务外进行的工作，但能够获得一定产品，如抹灰工不得不补上偶然遗漏的墙洞等。从偶然工作的性质看，在定额中不应考虑它所占用的时间，但是由于偶然工作能够获得一定产品，拟定定额时要适当考虑它的影响。

b. 停工时间。停工时间是指工人在工作中因某种原因未能从事生产活动损失的时间。包括施工本身造成的停工时间和非施工本身造成的停工时间两种。

施工本身造成的停工时间，是由于施工组织和劳动组织不善、材料供应不及时、工作面准备工作做得不好、工作地点组织不良等情况引起的停工时间。

非施工本身引起的停工时间。如设计图纸不能及时到达，水源、电源临时中断，以及由于气象条件（如大风、风暴、严寒、酷暑等）所引起的停工损失时间，这是由于外部原因的影响，非施工单位的责任而引起的停工。

c. 违背劳动纪律的损失时间。违背劳动纪律损失的工作时间，是指工人不遵守劳动纪律而造成的时间损失，如上班迟到、早退、擅自离开工作岗位、工作时间内聊天，以及个别人违反劳动纪律而使别的工人无法工作的时间损失。

（2）劳动定额消耗量的确定。基本工作时间是时间定额中的主要时间，通常根据计时观察法的资料确定。其他几项时间可按计时观察法的资料确定，也可按工时规范中规定的占工作日或基本工作时间的百分比计算。利用工时规范计算时间定额的公式如下：

$$工序作业时间 = \frac{基本工作时间}{1 - 辅助工作时间（\%）} \qquad (1.2.5)$$

$$定额时间 = \frac{工序作业时间}{1 - 规范时间（\%）} \qquad (1.2.6)$$

或

$$定额时间 = \frac{基本作业时间}{1 - 规范时间（\%）} \qquad (1.2.7)$$

把定额时间换算为以工日为单位，即为劳动定额的时间定额，再根据时间定额算出其产量定额。

1.2.4.2　材料消耗定额

1. 材料消耗定额的概念

材料消耗定额，简称材料定额，是指在正常施工和合理使用材料的条件下，生产合格的单位产品所必需消耗的原材料、成品、半成品等材料的数量标准。

材料消耗定额由两部分组成（图 1.2.7）：一部分是直接构成工程实体的材料用量，称为材料净用量；另一部分是生产操作过程中损耗的材料量，称为材料损耗量。

图 1.2.7　材料消耗定额组成

材料损耗量通常采用材料损耗率表示，即材料的损耗量与材料总消耗量的百分比率表示。其计算公式为

$$材料损耗率 = \frac{材料损耗量}{材料总消耗量} \times 100\% \tag{1.2.8}$$

$$材料消耗量 = 材料净用量 + 材料损耗量 = 材料净用量 \times （1 + 损耗率） \tag{1.2.9}$$

一般材料损耗率，见表 1.2.2。

表 1.2.2　　　　　　　　　　　　　一般材料损耗率参考表

材料名称	工程项目	损耗率/%	材料名称	工程项目	损耗率/%
标准砖	基础	0.4	陶瓷锦砖		1
标准砖	实砖墙	1	铺地砖	（缸砖）	0.8
标准砖	方砖柱	3	砂	混凝土工程	1.5
白瓷砖		1.5	砾石		2
生石灰		1	混凝土（现浇）	地面	1
水泥		1	混凝土（现浇）	其余部分	1.5
砌筑砂浆	砖砌体	1	混凝土（预制）	桩基础、梁、柱	1
混合砂浆	抹墙及墙裙	2	混凝土（预制）	其余部分	1.5
混合砂浆	抹顶棚	3	钢筋	现浇、预制混凝土	4
石灰砂浆	抹顶棚	1.5	铁件	成品	1
石灰砂浆	抹墙及墙裙	1	钢材		6
水泥砂浆	抹顶棚	2.5	木材	门窗	6
水泥砂浆	抹墙及墙裙	2	玻璃	安装	3
水泥砂浆	地面、屋面	1	沥青	操作	1

2. 材料消耗定额的表现形式

根据材料使用次数的不同，建筑材料可分为非周转性材料和周转性材料两类，因此在定额中的消耗量，也分为非周转性材料消耗量和周转性材料摊销量两种。

（1）非周转性材料消耗量。非周转性材料消耗量又称直接性材料消耗量。非周转性材料是指在建筑工程施工中构成工程实体的一次性消耗材料、半成品，如砖、砂浆、混凝土等。

（2）周转性材料摊销量。周转性材料摊销量是指一次投入，经多次周转使用，分次摊销到每个分项工程上的材料数量，如脚手架材料、模板材料、支撑垫木、挡土板等。它们根据不同材料的耐用期、残值率和周转次数，进行计算单位产品所应分摊的数量。

3. 材料消耗定额的编制方法

（1）非周转性材料消耗量的确定。非周转性材料消耗量的制定方法有：现场技术测定法、实验室试验法、现场统计法、理论计算法等。

1）现场技术测定法。现场技术测定法也称观测法，是指根据对材料消耗过程的测定与观察，通过完成的建筑产品数量和材料消耗数量的计算而确定各种材料消耗定额的一种方法。它主要用于确定材料的损耗定额。采用观测法，首先要选择典型的工程项目。观测中要区分不可避免的材料损耗和可以避免的材料损耗。

2）实验室试验法。实验室试验法是指在实验室中进行试验和测定的工作，这种方法一般用于确定各种材料的配合比，如测定各种混凝土、砂浆、耐腐蚀胶泥等不同强度等级及性能的配合比和配合比中各种材料的消耗量。利用实验法主要是编制材料净用量定额，不能取得在施工现场实际条件下，由于各种客观因素对材料耗用量影响的实际数据。

3）现场统计法。现场统计法是指通过统计现场各分部分项工程的进料数量、用料数量、剩余数量及完成产品数量，并对大量统计资料进行分析计算，获得材料消耗的数据。由于该方法分不清材料消耗的性质，因此不能作为确定净用量和损耗定额的精确依据。

4）理论计算法。理论计算法是指根据施工图纸，运用一定的数学计算公式计算材料的耗用量。该方法只能计算出单位产品的材料净用量，材料的损耗量还要在现场通过实测取得。该方法主要适用于板块类材料的计算。

a. 每立方米砖砌体材料消耗量计算。

（a）砖的消耗量。

$$N_{净} = \frac{墙厚砖数 \times 2}{墙厚 \times (砖长 + 灰缝) \times (砖厚 + 灰缝)} （块） \quad (1.2.10)$$

$$N_{消} = 砖净用量 \times (1 + 损耗率)（块） \quad (1.2.11)$$

（b）砂浆的消耗量。

$$V = (1 - 砖净用量 \times 单块砖体积) \times (1 + 损耗率)（m^3） \quad (1.2.12)$$

b. 块料面层材料消耗量计算。块料指瓷砖、锦砖、缸砖、预制水磨石块、大理石、花岗岩板等。块料面层定额以 100m² 为计量单位。

$$面层块材用量 = \frac{100}{(块料长 + 灰缝) \times (块料宽 + 灰缝)} \times (1 + 损耗率)（块） \quad (1.2.13)$$

$$灰缝砂浆用量＝(100－块料净用量×块料长×块料宽)$$
$$×块料厚度×(1＋损耗率)(m^3) \qquad (1.2.14)$$

（2）周转性材料消耗量的确定。根据现行的工程造价计价方法，周转性材料部分资源消耗支付已列为施工措施项目。按其使用特点制定消耗量时，应当按照多次使用、分期摊销方法进行计算。周转性材料消耗量通常用摊销量表示，计算公式为

$$摊销量＝\frac{一次使用量×(1＋损耗率)}{周转次数} \qquad (1.2.15)$$

或 $$摊销量＝一次使用量×摊销率 \qquad (1.2.16)$$

1.2.4.3　机械台班消耗定额的确定

1. 机械台班消耗定额的概念

机械台班消耗定额又称机械台班使用定额，简称机械定额，是指在合理组织施工和合理使用机械的正常施工条件下，完成单位合格产品所需消耗的一定品种、规格的机械台班数量标准。

2. 机械台班消耗定额的表现形式

机械定额也有时间定额和产量定额两种基本表现形式，通常以台班产量定额为主。机械定额的表示方法见表1.2.3。

表1.2.3　　　　　　　　混凝土楼板梁、连系梁、悬臂梁、过梁安装

工作内容：包括15m以内构件移位、绑扎起吊、对正中心线、安装在设计位置上、校正、垫好垫铁。

每1台班的劳动定额　　　　　　　　　　　　　　　　　　　　单位：根

| 项目 | 施工方法 | 梯板梁（t以内） | | | | | | 连系梁、悬臂梁、过梁（t以内） | | | | | | 序号 |
		2		4		6		1		2		3		
安装高度（层以内）	三	履带式	$\frac{0.22}{59}$	13	$\frac{0.271}{48}$	13	$\frac{0.317}{41}$	13	$\frac{0.217}{60}$	13	$\frac{0.245}{53}$	13	$\frac{0.277}{47}$	13	一
		轮胎式	$\frac{0.26}{50}$	13	$\frac{0.317}{41}$	13	$\frac{0.317}{35}$	13	$\frac{0.255}{51}$	13	$\frac{0.289}{45}$	13	$\frac{0.325}{40}$	13	二
		塔式	$\frac{0.191}{68}$	13	$\frac{0.236}{55}$	13	$\frac{0.277}{47}$	13	$\frac{0.188}{69}$	13	$\frac{0.213}{61}$	13	$\frac{0.241}{61}$	13	三
	六	塔式	$\frac{0.21}{62}$	13	$\frac{0.25}{52}$	13	$\frac{0.302}{43}$	13	$\frac{0.232}{56}$	13	$\frac{0.26}{50}$	13	$\frac{0.31}{42}$	13	四
	七		$\frac{0.232}{56}$	13	$\frac{0.283}{46}$	13	$\frac{0.342}{38}$	13							五
编号			676		677		678		679		680		681		

（1）机械时间定额。机械时间定额是指在合理组织施工和合理使用机械的条件下，某种类型的机械为完成质量合格的单位产品所必须消耗的机械工作时间，单位以"台班"或"台时"表示。一台机械工作8小时为一个台班。

（2）机械产量定额。机械产量定额是指在合理组织施工和合理使用机械的条件下，某种类型的机械在单位机械工作时间内，应完成的质量合格产品数量。

（3）机械时间定额和机械产量定额的关系。机械时间定额和机械产量定额互为倒数关系。

3. 机械台班定额的编制方法

由上述可知，机械台班定额根据其表现形式的不同，分为时间定额和产量定额，而且

机械台班定额一般采用时间定额形式。但是，确定机械台班消耗定额时首先确定其产量定额，然后再倒数求其时间定额。

（1）机械工作时间及其分类。机械工作时间是指机械在工作班内消耗的工作时间。按其性质可以分为定额时间和非定额时间两类，如图 1.2.8 所示。

图 1.2.8　机械工作时间分类

1）定额时间。定额时间是指在正常施工条件下。机械为完成一定产品所必须消耗的工作时间，包括有效工作时间、不可避免的无负荷工作时间和不可避免的中断时间。如图 1.10 所示。

a. 有效工作时间。有效工作时间是指机械与完成产品直接有关的时间消耗，包括正常负荷下和降低负荷下的工作时间消耗。

（a）正常负荷下的工作时间。正常负荷下的工作时间是指机械在机械说明书规定的正常负荷下进行工作的时间。

（b）有根据地降低负荷下的工作时间。有根据地降低负荷下的工作时间是指在个别情况下由于技术上的原因，机械在低于其计算负荷下工作的时间。如汽车运输重量轻而体积大的货物时，不能充分利用汽车的载重吨位，因而不得不降低其计算负荷。此种情况视为正常负荷下工作。

（c）降低负荷下的工作时间。降低负荷下的工作时间是指由于施工管理人员或工人的过失，以及机械陈旧或发生故障等原因，使机械在降低负荷的情况下进行工作的时间。如工人装车的砂石数量不足引起的汽车在低负荷情况下工作所延续的时间。

b. 不可避免的无负荷工作时间。不可避免的无负荷工作时间，是指由施工过程的特性和机械结构的特点造成的机械无负荷工作时间。如筑路机在工作区末端掉头等。

c. 不可避免的中断时间。不可避免的中断时间，是指由于施工过程的技术和组织的特性造成的机械工作中断，包括与操作有关的不可避免的中断时间、与机械有关的不可避免的中断时间和由于工人休息而引起的中断时间。

（a）与操作有关的不可避免的中断时间。与操作有关的不可避免的中断分为循环和定期的两种，循环的不可避免的中断是在机械工作的每一个循环中重复一次，如汽车装货和卸货时的停车，其停车时间为循环的不可避免的中断时间；定期的不可避免的中断是经过一定时间重复一次，如把灰浆泵由一个工作地点转移到另一工作地点时的工作中断，其所需要的时间为定期的不可避免的中断时间。

（b）与机械有关的不可避免的中断时间。与机械有关的不可避免的中断时间，是由于工人进行准备与结束工作或辅助工作时，机器停止工作而引起的中断工作时间。它是与机器的使用与保养有关的不可避免的中断时间。

（c）由于工人休息而引起的机械中断时间。由于工人休息而引起的机械中断时间是指操作机械的工人在工作过程中为恢复体力所必需的短暂休息和生理需要的时间消耗。

2）非定额时间。非定额时间是指一个工作班内因停工而损失的时间，或执行非生产性工作所消耗的时间。非定额时间是不必要的时间消耗，以往并未计入机械的时间定额。非定额时间包括多余或偶然工作时间、停工时间、违背劳动纪律的损失时间，如图1.2.8所示。

a. 多余或偶然工作时间。多余或偶然工作时间是指机械在正常施工条件下不应发生的时间消耗，或由于意外情况而引起的工作所消耗的时间。机械的多余或偶然工作包括两种情况：一是可避免的机械无负荷工作，是指工人没有及时供给机械用料而使机械空运转的时间；二是机械在负荷下所做的多余工作，如混凝土搅拌机搅拌混凝土时超过规定搅拌时间，即属于多余工作时间。

b. 停工时间。机械的停工时间是指机械在工作中因某种原因未能从事生产活动损失的时间。按性质可分为施工本身和非施工本身造成的停工。前者是由于施工组织不善引起的机械停工时间，如临时没有工作面、未及时供给机械燃料而引起的停工，以及机械损坏等所引起的机械停工时间。后者是由于外部的影响引起机械停工的时间，如水源、电源中断（不是施工原因），以及气候条件（暴雨、冰冻等）的影响而引起的机械停工时间。

c. 违反劳动纪律损失的时间。违反劳动纪律的时间损失，是指由于操作机械的工人违反劳动纪律而引起的机械停工时间。

（2）机械台班消耗量定额的编制方法。

1）确定正常的施工条件。主要是拟定工作地点的合理组织和合理的工人编制。

工作地点的合理组织，是指对机械的放置位置、材料的放置位置、工人的操作场地等做出合理的布置，最大限度地发挥机械的工作性能。

拟定合理的工人编制，是指根据施工机械的性能和设计能力，工人的专业分工和劳动工效，合理确定操纵机械的工人和直接参加机械化施工过程的工人的编制人数，应满足保持机械的正常生产率和工人正常的劳动工效的要求。

2）确定机械1小时纯工作正常生产率。机械纯工作1小时的正常生产率，就是在正常施工组织条件下，具有必要知识和技能的技术工人操作机械 1 小时的生产率。

根据机械工作的特点不同，机械纯工作 1 小时的正常生产率的确定方法也不同，主要有以下两种。

a. 循环动作机械。

（a）确定机械循环一次的正常延续时间。根据现场观察资料和机械说明书确定机械循环一次各组成部分的延续时间，将各组成部分的延续时间相加，减去各组成部分之间的交叠时间，即可求出机械循环一次的正常延续时间。

其计算公式为

机械循环一次的正常延续时间 = $\sum$（循环各组成部分的正常延续时间）－交叠时间

(1.2.17)

（b）计算机械纯工作 1 小时的正常循环次数。

$$机械纯工作 1 小时循环次数 = \frac{60 \times 60(s)}{一次循环的正常延续时间}$$

(1.2.18)

（c）计算机械纯工作 1 小时的正常生产率。

机械纯工作 1 小时正常生产率 = 机械纯工作 1 小时正常循环次数

× 一次循环生产的产品数量 (1.2.19)

b. 连续动作机械。对于连续动作机械，要根据机械的类型、结构特征以及工作过程的特点来确定机械纯工作 1 小时的正常生产率，其确定方法如下：

连续动作机械纯工作 1 小时正常生产率 = 工作延续时间内生产的产品数量 / 工作延续时间(h)

工作延续时间内生产的产品数量和工作延续时间的消耗，要通过多次现场观察和机械说明书来取得数据。

3）确定施工机械的正常利用系数。施工机械的正常利用系数又称机械时间利用系数，是指机械在工作班内对工作时间的利用率。

$$施工机械正常利用系数(K_b) = \frac{工作班纯工作时间}{工作班的延续时间}$$

(1.2.20)

4）确定机械台班产量定额。计算施工机械台班产量定额是编制机械使用定额工作的最后一步。其机械产量定额计算公式如下。

a. 施工机械台班产量定额。

施工机械台班产量定额 = 机械纯工作 1 小时正常生产率 × 工作班纯工作时间

(1.2.21)

或　　　施工机械台班产量定额 = 机械纯工作 1 小时正常生产率 × 工作班延续时间

× 机械正常利用系数 (1.2.22)

b. 施工机械时间定额。

$$施工机械时间定额 = \frac{1}{施工机械台班产量定额}$$

(1.2.23)

1.2.5 预算定额的组成

1.2.5.1 预算定额的概念

预算定额是确定一定计量单位分项工程或结构构件的人工、材料、机械台班和资金消耗的数量标准，由此可见，预算定额是计价性定额。

预算定额是由各省、市有关部门组织编制并颁布的一种指导性指标，反映的是当地完成一定计量单位分项工程或结构构件的人工、材料、机械台班消耗量的平均水平。

1.2.5.2　预算定额的用途及编制依据

预算定额是编制施工图预算的主要依据，是确定和控制工程造价的基础。预算定额是编制依据是施工定额。

1.2.5.3　预算定额中工料机和资金消耗量的确定

1. 人工消耗量的确定

（1）人工消耗量。预算定额中人工消耗量是指完成一定计量单位的分项工程或结构构件所必需的各种用工量，包括基本用工和其他用工，如图 1.2.9 所示。

图 1.2.9　人工消耗指标的构成

（2）基本用工。基本用工指完成分项工程的主要工量，例如，砌筑各种墙体工程的砌砖、调制砂浆及运输砖和砂浆的用工量。预算定额是一项综合性定额，要按组成分项工程内容各工序综合而成。因此，它包括的工程内容比较多，如墙体砌筑工程中包括门窗洞口、附墙烟窗、垃圾道、墙垛、各种形式的砖碹等，其用工量比砌筑一般墙体的用工量多，需要另外增加的用工也属于基本用工内容。

（3）其他用工。其他用工是辅助消耗的工日，包括超运距用工、辅助用工和人工幅度差三种。

1）超运距用工。超运距是指预算定额中取定的材料及半成品的场内水平运距超过劳动定额规定的水平距离的部分，即：

超运距＝预算定额取定的运距－劳动定额已包括的运距

超运距用工是指完成材料及半成品的场内水平超运距部分所增加的用工。

2）辅助用工。辅助用工是指技术工种劳动定额内不包括而在预算定额内又必须考虑的用工，如机械土方工程配合、材料加工（包括洗石子、筛沙子、淋石灰膏等）、模板整理等。

3）人工幅度差。人工幅度差是指预算定额与劳动定额的定额水平不同而产生的差异，它是劳动定额作业时间之外，预算定额内应考虑的、在正常施工条件下所发生的各种工时损失。其包括的内容如图 1.2.10 所示。

图 1.2.10　人工幅度差的内容

人工幅度差计算公式如下：

$$人工幅度差＝（基本用工＋超运距用工＋辅助用工）×人工幅度差系数$$

$$(1.2.24)$$

人工幅度差系数一般取 $10\%\sim15\%$。

2. 材料消耗量的确定

（1）材料消耗量及其分类。预算定额中的材料消耗量是指为完成单位合格产品所必需消耗的材料数量。

材料按用途分类，包括主要材料、次要材料、零星材料和周转材料，如图 1.2.11 所示。

预算定额中的材料消耗量指标由材料净用量和材料损耗量构成，如图 1.2.12 所示。

图 1.2.11　材料按用途分类　　　图 1.2.12　预算定额中材料消耗量的构成

（2）主要材料。主要材料是指能够计量的消耗量较多、价值较大的直接构成工程实体的材料。

与施工定额的确定方法一样，凡能计量的材料、成品、半成品均按品种、规格逐一列出数量，其主要材料的消耗量为

$$材料消耗量＝材料净用量＋材料损耗量 \approx 材料净用量×（1＋材料损耗率）$$

$$(1.2.25)$$

（3）次要和零星材料。次要材料是指直接构成工程实体，但其用量很小，不便计算其用量，如砌砖墙中的木砖、混凝土中的外加剂等。

零星材料是指不构成工程实体，但在施工中消耗的辅助材料，如草袋、氧气等。

总的来说，这些次要材料和零星材料用量不多、价值不大不便在定额中一一列出，采用估算的方法计算其总价值后，以"其他材料费"来表示。

3. 机械台班消耗量的编制

（1）机械台班消耗量。预算定额中机械台班消耗量是指在正常施工条件下，生产单位合格产品必须消耗的施工机械的台班数量。

机械台班消耗量指标一般是在施工定额的基础上，再考虑一定的机械幅度差进行计算。即

$$机械台班消耗量＝施工定额机械台班消耗量＋机械幅度差 \qquad (1.2.26)$$

（2）机械幅度差。机械幅度差是指机械台班消耗定额中未包括的，而机械在合理的施工组织条件下不可避免的机械的损失时间，如图 1.2.13 所示。

图 1.2.13 机械幅度差包括的内容

机械台班消耗量指标 = 施工定额机械台班消耗量 × (1 + 机械幅度差系数)

$$(1.2.27)$$

4. 预算定额基价的确定

预算定额基价即"预算价格",是完成一定计量单位的分项工程或结构构件所需要的人工费、材料费和施工机械费之和。即

一定计量单位的分项工程的预算价格 = 人工费 + 材料费 + 机械费　(1.2.28)

其中　　　　　　　　　人工费 = 工日消耗量 × 日工资单价

材料费 = 材料费消耗量 × 材料单价

机械费 = 台班消耗量 × 台班单价

由此可见,工程造价费用的多少,除取决于预算定额中工料机的消耗量以外,还取决于日工资单价、材料单价和台班单价。

日工资单价、材料单价和台班单价的具体内容和确定方法详见"1.3.4.2 建筑安装工程费用项目组成及参考计算方法"相关内容。

1.2.6 预算定额的应用

1.2.6.1 预算定额的主要内容

预算定额一般包括以下主要内容,如图 1.2.14 所示。

图 1.2.14 预算定额的组成

定额项目表是预算定额的核心内容，某省建筑工程预算定额现浇混凝土柱示例见表 1.2.4。

表 1.2.4　　　　　　　　某省建筑工程预算定额现浇混凝土柱示例

工作内容：混凝土搅拌、运输、浇捣、养护等。　　　　　　　　　　　　　　　　　　　　　单位：10m³

定额编号			A4－13	A4－14	A4－15
项　　目			矩形柱	圆形柱	构造柱
预算价格			3553.58	3557.62	3747.73
其中		人工费/元	1130.31	1140.57	1292.76
		材料费/元	2249.82	2243.60	2281.52
		机械费/元	173.45	173.45	173.45
名　　称	单位	单价/元	数　　量		
人工	综合工日	工日	57.0	19.83	20.01	
材料	现浇混凝土（40mm）C20	m³	216.97	9.86	9.86	
	现浇混凝土（20mm）C20		222.92			9.86
	水泥砂浆 1∶2	m³	248.99	0.29	0.29	0.29
	工程用水	m³	5.6	2.1	2.08	1.97
	其他材料费	元		26.53	20.42	0.29
机械	搅拌机 400L	台班	142.32	0.63	0.63	0.63
	翻斗车 1t	台班	132.72	0.52	0.52	0.52
	振捣器	台班	11.82	1.25	1.25	1.25

1.2.6.2　预算定额的直接套用

当设计图纸与定额项目的内容相一致时，可以直接套用预算定额中的预算价格和工料机消耗量，并据此计算该分项工程的直接工程费及工料机需用量。

1.2.6.3　预算定额的换算

当设计图纸的要求和定额项目的内容不一致时，为了能计算出设计图纸内容要求项目的工程直接费及工料消耗量，必须对预算定额项目与设计内容要求之间的差异进行调整。这种使预算定额项目内容适应设计内容要求的差异调整就是预算定额进行换算的原因。

1. 预算定额的换算依据

预算定额的换算实际上是预算定额应用的进一步扩展和延伸，为保持预算定额水平，在定额说明中规定了若干条预算定额换算的具体规定，该规定是预算定额换算的主要依据。

2. 预算定额的换算类型

预算定额换算包括人工费和材料费的换算。人工费换算主要是由用工量的增减而引起的，而材料费换算则是由材料消耗量的改变及材料代换所引起的，特别是材料费和材料消耗量的换算占预算定额换算相当大的比重。预算定额换算内容的主要规定如下。

（1）当设计图纸要求的砂浆、混凝土强度等级和预算定额不同时，可按半成品（即砂浆、混凝土）的配合比进行换算。

（2）预算定额对抹灰砂浆的规定。如果设计内容要求的砂浆种类、配合比或抹灰厚度与预算定额不同时可以换算，但定额中的人工、机械消耗量不得调整。

预算定额的换算主要有三种类型：混凝土强度等级的换算、砂浆强度等级的换算和系数换算。

3. 预算定额换算的主要方法

（1）混凝土的换算。混凝土的换算包括构件混凝土和楼地面混凝土的换算两种，但主要是构件混凝土强度的换算。

构件混凝土的换算主要是混凝土强度不同的换算，其特点是，当混凝土用量不发生变化，只换算强度时，其换算公式如下：

$$换算后的预算价格 = 原预算价格 + 定额混凝土用量$$
$$\times （换入混凝土单价 - 换出混凝土单价） \tag{1.2.29}$$

换算步骤如下：

第一步，选择换算定额编号及单价，确定混凝土品种、粗骨料粒径及水泥强度等级。

第二步，确定混凝土品种（是塑性混凝土还是低流动性混凝土、石子粒径、混凝土强度），查出换入与换出混凝土的单价。

第三步，换算价格计算。

第四步，确定换入混凝土品种需考虑以下因素：是塑性混凝土还是低流动性混凝土以及混凝土强度；可根据要求确定混凝土中石子的最大粒径；再按照设计要求确定采用的是砾石混凝土还是碎石混凝土，以及水泥强度等级。

（2）砂浆的换算。砂浆换算包括砌筑砂浆的换算和抹灰砂浆的换算两种。

1）砌筑砂浆的换算方法及计算公式和构件混凝土的换算方法及计算公式基本相同。

2）抹灰砂浆的换算。在某省预算定额装饰分部说明中规定：①砂浆种类、配合比与设计不同时可以换算；②抹灰厚度按不同的砂浆分别列在定额项目中，同类砂浆列总厚度，不同砂浆分别列出厚度。如定额项目中列出（18+6）mm，即表示两种不同砂浆的各自厚度。厚度与设计不同时，可按砂浆厚度加装饰定额中相关内容套子目。但定额中的人工、机械消耗量不变。

$$换算价格 = 原预算价格 + （换入砂浆单价 \times 换入砂浆用量）$$
$$- （换出砂浆单价 \times 换出砂浆用量） \tag{1.2.30}$$

式中　　　　　　　换入砂浆用量 = 定额用量/定额厚度 \times 设计厚度

换出砂浆用量 = 定额中规定的砂浆用量

（3）系数换算。系数换算是指按照预算定额说明中所规定的系数乘以相应的定额基价后，得到一个新单价的换算。

1.2.7　典型例题

【例1.2.1】　现测定一砖基础墙的时间定额，已知每平方米砌体的基本工作时间为140工分，准备与结束时间、休息时间、不可避免的中断时间占时间定额的百分比分别为5.45%、5.84%、2.49%，辅助工作时间不计，试确定其时间定额和产量定额。

解：　　　时间定额 = 140/[1-（5.45%+5.84%+2.49%）] = 162.4（min）

= 162.4min/（8h \times 60min） = 0.34工日

产量定额 = 1/0.34 = 2.94（m³）

【例 1.2.2】 计算每立方米 120 厚标准砖墙砖和砂浆的消耗量（灰缝为 10mm）。已知损耗率为：砖 1.0%，砂浆 1.0%。

解：
$$砖净用量 = \frac{0.5 \times 2}{0.115 \times (0.24 + 0.01) \times (0.053 + 0.01)} = 552（块）$$

$$砖消耗量 = 552 \times (1 + 0.01) = 557.52（块）$$

$$砂浆消耗量 = (1 - 552 \times 0.24 \times 0.115 \times 0.053) \times (1 + 0.01) = 0.194（m^3）$$

【例 1.2.3】 釉面砖规格为 200mm×300mm×8mm，灰缝宽度 1mm，釉面砖损耗率为 1.5%，砂浆损耗率 2%。试计算 100m² 墙面釉面砖及灰缝砂浆的消耗量。

解：
$$釉面砖消耗量 = \frac{100}{(0.2 + 0.001) \times (0.3 \times 0.001)} \times (1 + 0.015)$$
$$= 1652.87 \times (1 + 0.015)$$
$$= 1677.66（块）$$

$$灰缝砂浆消耗量 = (100 - 1652.87 \times 0.2 \times 0.3) \times 0.008 \times (1 + 0.02)$$
$$= 0.007（m^3）$$

【例 1.2.4】 采用机械翻斗车运输砂浆，运输距离 200m，平均行驶速度 10km/h，候装砂浆时间平均每次 5min，每次装载砂浆 0.60m³，台班时间利用系数 0.9。计算机械翻斗车运砂浆的台班产量定额和时间定额。

解： 机械翻斗车运砂浆是循环工作的，每循环一次的延续时间由砂浆候装时间和运行时间构成，在计算运行时间时，要注意计算返回时间。

$$翻斗车每次循环延续时间 = 5 + (2 \times 200)/(10 \times 1000 \div 60) = 7.4（min）$$

$$净工作 1h 生产率 = 60/7.4 \times 0.60 = 4.86（m^3）$$

$$台班产量定额 = 4.86 \times 8 \times 0.9 = 34.99（m^3）$$

$$台班时间定额 = 1/34.99 = 0.029（工日/m^3）$$

【例 1.2.5】 表 1.2.5 是某省砖基础和砖墙预算定额项目表，请根据该表计算采用 M5 混合砂浆砌筑砖基础 200m³ 的直接工程费及主要材料消耗量。

表 1.2.5 　　　　　　　　**某省建筑工程预算定额砖基础、砖墙示例**

工作内容：1. 砖基础：调、运、铺砂浆、运砖、清理基槽坑、砌砖等。
　　　　　2. 砖墙：调、运、铺砂浆、运砖、砌砖等。
　　　　　　　　　　　　　　　　　　　　　　　　　　　　　　　　　　　　单位：10m³

定额编号			A3-1	A3-2	A3-3
项　　目			砖基础	内　墙	
				115mm 厚以内	365mm 厚以内
预算价格			2287.15	2624.17	2464.70
其中		人工费/元	671.46	986.67	825.36
		材料费/元	1576.32	1605.02	1599.97
		机械费/元	39.37	32.48	39.37

续表

	名　　称	单位	单价/元	数　　量		
人工	综合工日	工日	57.0	11.78	17.31	14.48
材料	机红砖 240mm×115mm×53mm	块	0.23	5185.5	5590.62	5321.31
	混合砂浆 M5	m³	153.88	2.42	2.00	2.37
	工程用水	m³	5.6	2.01	2.04	2.03
机械	灰浆搅拌机 200L	台班	98.42	0.40	0.33	0.40

解：根据题意，查表 1.2.5，砌筑砖基础分项工程应该套 A3-1，又由于该分项工程采用的是 M5 混合砂浆，与预算定额 A3-1 中完全一致，因此可以直接套用。则：

完成 200m³ 砌筑砖基础工程的直接工程费＝2287.15/10×200＝45743（元）

完成 200m³ 砌筑砖基础工程的主要材料消耗量：

$$混合砂浆 M5＝2.42/10×200＝48.4（m^3）$$
$$标准砖：5185.5/10×200＝103.71（千块）$$

【例 1.2.6】　表 1.2.4 是某省建筑工程预算定额现浇混凝土柱项目表，请根据该表计算采用 C30 碎石混凝土现浇截面尺寸为 600mm×600mm 的钢筋混凝土柱子 55m³ 的直接工程费。已知石子最大粒径 40mm 的碎石混凝土 C20 的单价为 216.97 元，C30 的单价为 259.32 元。

解：根据题意，该现浇混凝土柱子是矩形的，因此，该分项工程应该套 A4-13，但由于该分项工程采用的是 C30 碎石混凝土，而定额 A4-13 中的混凝土强度等级是 C20 碎石混凝土。因此，根据规定，当设计规定的混凝土强度等级与预算定额不同时需要进行换算。根据换算公式得到：

$$换算后的预算价格＝原预算价格＋定额混凝土用量$$
$$×（C30 碎石混凝土单价－C20 碎石混凝土单价）$$
$$＝3553.58＋9.86×（259.32－216.97）$$
$$＝3971.15（元）$$

55m³ 的钢筋混凝土柱子分项工程的直接工程费＝3971.15/10×55＝21841.33（元）

【自测训练】

1. 人工挖二类土，由测时资料可知：挖 1m³ 需要消耗基本工作时间 70min，辅助工作时间占定额时间 2%，准备与结束时间占 1%，不可避免的中断时间占 1%，休息时间占 20%，试确定人工挖二类土的劳动定额。

2. 计算 1m³ 砖墙厚砖和砂浆的净用量和消耗量，已知砖和砂浆的损耗率都为 1%。

3. 使用 1∶2 水泥砂浆铺 500mm×500mm×12mm 花岗岩板地面，灰缝宽 1mm，水泥砂浆黏结层厚 5mm，花岗岩板损耗率 2%，水泥砂浆损耗率 1%。试求：

（1）计算每 100m² 地面贴花岗岩板材的消耗量。

（2）计算每 100m² 地面贴花岗岩板材的年黏结层砂浆和灰缝砂浆消耗量。

4. 某循环式混凝土搅拌机，其设计容量（即投量容量）为 0.4m³，混凝土出料系数为 0.67，混凝土上料、搅拌、出料等时间分别为 60s、120s、60s，搅拌机的时间利用系数为 0.85，求该混凝土搅拌机的产量定额和时间定额为多少？

5. 砌筑一砖半墙的技术测定资料如下：

（1）完成 1m³ 砖砌体需基本工作时间 15.8h，辅助工作时间占工作延续时间的 5%，准备与结束工作时间占 3%，不可避免中断时间占 2%，休息时间占 15%。

（2）砖墙采用 M5 水泥砂浆，砖和砂浆的损耗率均为 1%。

（3）砂浆用 200L 搅拌机现场搅拌，运料需 185s，装料需 60s，搅拌需 85s，卸料需 35s，不可避免中断时间 10s。搅拌机制投料系数为 0.80，机械利用系数为 0.85。

试确定砌筑 1m³ 砖墙的人工、材料、机械台班消耗量定额。

6. 某沟槽土方量为 4351m³（密实状态），采用挖斗容量为 0.5m³ 的反铲挖掘机挖土，载重量为 5t 的自卸汽车将开挖土方量的 60% 运走，运距为 3km，其余土方就地堆放。经现场测试的有关数据如下：

（1）假设土的松散系数为 1.2，松散状态容重为 1.65t/m³。

（2）假设挖掘机的铲斗充盈系数为 1.0，每循环一次时间为 2min，机械时间利用系数为 0.85。

（3）自卸汽车每次装卸往返需 24min，时间利用系数为 0.80。

试确定所选挖掘机、自卸汽车的台班产量及台班数；如果需 11 天内将土方工程完成，至少需要多少台挖掘机和自卸汽车？

任务 1.3　建筑安装工程费用的组成

【学习目标】

（1）了解建设项目总投资的概念及其构成。

（2）熟悉工程造价的概念及其构成。

（3）掌握我国现行建筑安装工程费用的组成内容及参考计算方法。

【相关知识】

1.3.1　建设项目总投资及其构成

1. 建设项目总投资

建设项目总投资是指为完成工程项目建设并达到使用要求或生产条件，在建设期内预计或实际投入的全部费用总和。

2. 建设项目总投资的构成

建设项目按投资作用可分为生产性项目和非生产性项目。生产性项目总投资包括固定资产投资和流动资产投资两部分，如图 1.3.1 所示。非生产性项目总投资只有固定资产投资，不含流动资产投资。

1.3.2　工程造价及其构成

1. 工程造价

工程造价就是建项目总投资中的固定资产投资部分，是建设项目从筹建到竣工交付使用的整个建设过程所花费的全部固定资产投资使用。

2. 工程造价的构成

根据国家发展和改革委员会、住房和城乡建设部发布的《建设项目经济评价方法与参数（第三版）》（发改投资〔2006〕1325号）的规定，工程造价（固定资产投资）包括建设投资和建设期利息两部分，具体构成内容如图 1.3.1 所示。

图 1.3.1　我国现行建设项目总投资构成

1.3.3　设备及工器具购置费

设备及工器具购置费由设备购置费和工具、器具及生产家具购置费组成。

1. 设备购置费

设备购置费是指购置或自制的达到固定资产标准的设备、工器具及生产家具等所需的费用。它由设备原价和设备运杂费构成。其计算公式为

$$设备购置费 ＝ 设备原价 ＋ 运杂费 \tag{1.3.1}$$

（1）设备的种类及原价的构成，设备一般分为国产设备和进口设备两种。

国产设备的原价一般是指设备制造厂的交货价或订货合同价，即出厂（场）价。它一般根据生产厂或供应商的询价、报价、合同价确定，或采用一定的方法计算确定。

进口设备的原价是指进口设备的抵岸价，即抵达买方边境港口或边境车站，且交完关税等税费后形成的价格。抵岸价通常是由进口设备到岸价（CIF）和进口设备从属费构成。进口设备的到岸价是设备抵达买方边境港口或边境车站所形成的价格。在国际贸易中，交易双方所使用的交货类别不同，则交易价格的构成内容也有所差异。进口设备从属费用是指进口设备在办理进口手续过程中发生的应计入设备原价的银行财务费、外贸手续费、进口关税、消费税、进口环节增值税及进口车辆的车辆购置税等。

（2）设备运杂费，设备运杂费是国内采购设备自来源地、国外采购设备自到岸港运至工地仓库或指定堆放地点发生的采购、运输、运输保险、保管、装卸等费用。通常由以下各项构成：①运费和装卸费；②包装费；③设备供销部门的手续费；④采购与仓库保管费。其费用按照设备原价乘以设备运杂费率计算，计算公式为

$$设备运杂费 ＝ 设备原价 \times 设备运杂费率 \tag{1.3.2}$$

式中　设备运杂费率按各部门及省、市等的规定计取。

2. 工具、器具及生产家具购置费

工具、器具及生产家具购置费，是指新建或扩建项目初步设计规定的，保证初期正常生产必须购置的没有达到固定资产标准的设备、仪器、工卡模具、器具、生产家具和备品备件等的购置费用。一般以设备购置费为基数，按照部门或行业规定的工具、器具及生产

家具费率计算。计算公式为

$$工具、器具及生产家具购置费 = 设备购置费 × 定额费率 \quad (1.3.3)$$

1.3.4 建筑安装工程费

1.3.4.1 建筑安装工程费用的内容

建筑安装工程费是指为完成工程项目建造、生产性设备及配套工程安装所需的费用。

1. 建筑工程费用内容

（1）各类房屋建筑工程和列入房屋建筑工程的供水、供暖、卫生、通风、煤气等设备费用及其装饰、油饰工程的费用，列入建筑工程预算的各种管道、电力、电信和电缆导线敷设工程的费用。

（2）设备基础、支柱、工作台、烟囱、水塔、水池、灰塔等建筑工程以及各种炉窑的砌筑工程和金属结构工程的费用。

（3）为施工而进行的场地平整，工程和水文地质勘察，原有建筑物和障碍物的拆除以及施工临时用水、电、暖、气、路、通信和完工后的场地清理费用，环境绿化、美化等工作的费用。

（4）矿井开凿、井巷延伸、露天矿剥离，石油、天然气钻井，修建铁路、公路、桥梁、水库、堤坝、灌渠及防洪等工程的费用。

2. 安装工程费用内容

（1）生产、动力、起重、运输、传动和医疗、实验等各种需要安装的机械设备的装配费用，与设备相连的工作台、梯子、栏杆等设施的工作费用，附属于被安装设备的管线敷设工程费用，以及安装设备的绝缘、防腐、保温、油漆等工作的材料费和安装费用。

（2）为测定安装工程质量，对单台设备进行单机试运转、对系统设备进行系统联动无负荷试运转工作的调试费用。

1.3.4.2 建筑安装工程费用项目组成及参考计算方法

我国现行的建筑安装工程费用项目组成按住房和城乡建设部、财政部《关于印发〈建筑安装工程费用项目组成〉的通知》（建标〔2013〕44 号）执行，该规定是在总结原建设部、财政部《关于印发〈建筑安装工程费用项目组成〉的通知》（建标〔2003〕206 号）执行情况的基础上，修订完善了《建筑安装工程费用项目组成》（以下简称《费用组成》），自 2013 年 7 月 1 日起施行。我国现行的建筑安装工程费用项目按两种不同的方式划分，即按费用构成要素划分和按造价形成划分，其具体构成如图 1.3.2 所示。

1. 建筑安装工程费用项目组成（按费用构成要素划分）

建筑安装工程费按照费用构成要素划分，由人工费、材料费（包含工程设备，下同）、施工机具使用费、企业管理费、利润、规费和税金组成。其中人工费、材料费、施工机具使用费、企业管理费和利润包含在分部分项工程费、措施项目费、其他项目费中（图1.3.2）。

（1）人工费：支付给从事建筑安装工程施工作业的生产工人的各项费用。内容包括以下几部分。

1）计时工资或计件工资：按计时工资标准和工作时间或对已做工作按计件单价支付给个人的劳动报酬。

图 1.3.2　建筑安装工程费用项目构成图

2）奖金：对超额劳动和增收节支支付给个人的劳动报酬，如节约奖、劳动竞赛奖等。

3）津贴补贴：为了补偿职工特殊或额外的劳动消耗和因其他特殊原因支付给个人的津贴，以及为了保证职工工资水平不受物价影响支付给个人的物价补贴，如流动施工津贴、特殊地区施工津贴、高温（寒）作业临时津贴、高空津贴等。

4）加班加点工资：按规定支付的在法定节假日工作的加班工资和在法定日工作时间外延时工作的加点工资。

5）特殊情况下支付的工资：根据国家法律、法规和政策规定，因病、工伤、产假、计划生育假、婚丧假、事假、探亲假、定期休假、停工学习、执行国家或社会义务等原因按计时工资标准或计时工资标准的一定比例支付的工资。

人工费的参考计算方法：

$$人工费 = \sum（工日消耗量 \times 日工资单价） \tag{1.3.4}$$

$$日工资单价 = \frac{生产工人平均月工资（计时、计件）+ 平均月（奖金 + 津贴补贴 + 特殊情况下支付的工资）}{年平均每月法定工作日} \tag{1.3.5}$$

虽然施工企业投标报价时可以自主确定人工费，但由于人工日工资单价在我国具有一定的政策性，因此工程造价管理机构确定日工资单价应根据工程项目的技术要求，通过市场调查并参考实物的工程量人工单价综合分析确定，发布的最低日工资单价不得低于工程所在地人力资源和社会保障部门所发布的最低工资标准的：普工 1.3 倍、一般技工 2 倍、高级技工 3 倍。

（2）材料费：施工过程中耗费的原材料、半成品、构配件、工程设备等的费用，以及周转材料等的摊销、租赁费用。内容包括以下几部分。

1）材料原价：国内采购材料的出厂价，国外采购材料抵达买方边境、港口或车站并交纳完各种手续费、税费（不含增值税）后形成的价格。在确定原价时，凡同一种材料因来源地、交货地、供货单位、生产厂家不同，而有几种价格（原价）时，根据不同来源地供货数量比例，采取加权平均的方法确定其综合原价。计算公式如下：

$$综合原价 = (K_1 C_1 + K_2 C_2 + \cdots + K_n C_n)/(K_1 + K_2 + \cdots + K_n) \tag{1.3.6}$$

式中　K_1，K_2，$\cdots$，K_n——各不同供应地点的供应量或各不同使用地点的需要量；

C_1，C_2，…，C_n——各不同供应地点的原价。

若材料供货价格为含税价格，则材料原价应以购进货物适用的税率扣减增值税进项税额。

2）运杂费：国内采购材料自来源地、国外采购材料自到岸港运至工地仓库或指定堆放地点所发生的费用（不含增值税）。含外埠中转运输过程中所发生的一切费用和过境过桥费用，包括调车和驳船费、装卸费、运输费及附加工作费等。

同一品种的材料有若干个来源地，应采用加权平均的方法计算材料运杂费。计算公式如下：

$$运杂费 = (K_1 T_1 + K_2 T_2 + \cdots + K_n T_n)/(K_1 + K_2 + \cdots + K_n) \qquad (1.3.7)$$

式中　K_1，K_2，…，K_n——各不同供应地点的供应量或各不同使用地点的需要量；

T_1，T_2，…，T_n——各不同运距的运费。

若运输费用为含税价格，则需要按"两票制"和"一票制"两种支付方式分别调整。

a. "两票制"支付方式。所谓"两票制"材料，是指材料供应商就收取的货物销售价款和运杂费向建筑业企业分别提供货物销售和交通运输两张发票的材料。在这种方式下，运杂费以接受交通运输与服务适用税率扣减增值税进项税额。

b. "一票制"支付方式。所谓"一票制"材料，是指材料供应商就收取的货物销售价款和运杂费合计金额向建筑业企业仅提供一张货物销售发票的材料。在这种方式下，运杂费采用与材料原价相同的方式扣减增值税进项税额。

3）运输损耗费：材料在运输装卸过程中不可避免的损耗。计算公式如下：

$$运输损耗费 = (材料原价 + 运杂费) \times 运输损耗率(\%) \qquad (1.3.8)$$

4）采购及保管费：为组织采购、供应和保管材料过程中所需要的各项费用，包括采购费、仓储费、工地保管费和仓储损耗。计算公式如下：

$$采购及保管费 = (材料原价 + 运杂费 + 运输损耗费) \times 采购保管费率(\%) \qquad (1.3.9)$$

材料费的参考计算方法：

$$材料费 = \sum(材料消耗量 \times 材料单价) \qquad (1.3.10)$$

$$材料单价 = \{(材料原价 + 运杂费) \times [1 + 运输损耗率(\%)]\} \times [1 + 采购保管费率(\%)] \qquad (1.3.11)$$

工程设备是指构成或计划构成永久工程一部分的机电设备、金属结构设备、仪器装置及其他类似的设备和装置。

工程设备费的参考计算方法：

$$工程设备费 = \sum(工程设备量 \times 工程设备单价) \qquad (1.3.12)$$

$$工程设备单价 = (设备原价 + 运杂费) \times [1 + 采购保管费率(\%)] \qquad (1.3.13)$$

（3）施工机具使用费：施工作业所发生的施工机械使用费、仪器仪表使用费或其租赁费。

1）施工机械使用费：以施工机械台班耗用量乘以施工机械台班单价表示，施工机械台班单价应由下列 7 项费用组成：

a. 折旧费：施工机械在规定的耐用总台班内，陆续收回其原值的费用。

b. 大修理费：指施工机械在规定的大修间隔台班进行必要的大修，以恢复其正常功能所需的费用。

c. 经常修理费：指施工机械除大修以外的各级保养和临时故障排除所需的费用，包括为保障机械正常运转所需替换与随机配备工具附具的摊销和维护费用、机械运转中日常保养所需润滑与擦拭的材料费用及机械停滞期间的维护和保养费用等。

d. 安拆费及场外运费：安拆费指施工机械（大型机械除外）在现场进行安装与拆卸所需的人工、材料、机械和试运转费用以及机械辅助设施的折旧、搭设、拆除等费用；场外运费指施工机械整体或分体自停放地点运至施工现场或由一施工地点运至另一施工地点的运输、装卸、辅助材料及架线等费用。

e. 人工费：机上司机（司炉）和其他操作人员的人工费。

f. 燃料动力费：施工机械在运转作业中所消耗的各种燃料及水、电等费用。

g. 税费：指施工机械按照国家规定应缴纳的车船使用税、保险费及年检费等。

施工机械使用费的参考计算方法：

$$施工机械使用费 = \sum(施工机械台班消耗量 \times 机械台班单价) \qquad (1.3.14)$$

$$
\begin{aligned}
机械台班单价 = & 台班折旧费 + 台班大修费 + 台班经常修理费 \\
& + 台班安拆费及场外运费 + 台班人工费 \\
& + 台班燃料动力费 + 台班车船税费
\end{aligned} \qquad (1.3.15)
$$

2）仪器仪表使用费：工程施工所需使用的仪器仪表的摊销及维修费用。

仪器仪表使用费的参考计算方法：

$$仪器仪表使用费 = \sum(仪器仪表台班消耗量 \times 仪器仪表台班单价) \qquad (1.3.16)$$

$$仪器仪表台班单价 = 台班折旧费 + 台班维护费 + 台班校验费 + 台班动力费 \qquad (1.3.17)$$

（4）企业管理费：建筑安装企业组织施工生产和经营管理所需的费用。内容包括以下几部分。

1）管理人员工资：按规定支付给管理人员的计时工资、奖金、津贴补贴、加班加点工资及特殊情况下支付的工资等。

2）办公费：企业管理办公用的文具、纸张、账表、印刷、邮电、书报、办公软件、现场监控、会议、水电、烧水和集体取暖降温（包括现场临时宿舍取暖降温）等费用。当一般纳税人采用一般计税方法时，办公费中增值税进项税额的抵扣原则：以购进货物适用的相应税率扣减，其中购进自来水、暖气、冷气、图书、报纸、杂志等适用的税率为11%，接受邮政和基础电信服务等适用的税率为11%，接受增值电信服务等适用的税率为6%，其他为17%。

3）差旅交通费：职工因公出差、调动工作的差旅费、住勤补助费，市内交通费和误餐补助费，职工探亲路费，劳动力招募费，职工退休、退职一次性路费，工伤人员就医路费，工地转移费以及管理部门使用的交通工具的油料、燃料等费用。

4）固定资产使用费：管理和试验部门及附属生产单位使用的属于固定资产的房屋、设备、仪器等的折旧、大修、维修或租赁费。

5）工具用具使用费：企业施工生产和管理使用的不属于固定资产的工具、器具、家具、交通工具和检验、试验、测绘、消防用具等的购置、维修和摊销费。当一般纳税人采用一般计税方法时，工具用具使用费中增值税进项税额的抵扣原则：以购进货物或接受修理修配劳务适用的税率扣减，均为 17%。

6）劳动保险和职工福利费：由企业支付的职工退职金、按规定支付给离休干部的经费，集体福利费、夏季防暑降温、冬季取暖补贴、上下班交通补贴等。

7）劳动保护费：企业按规定发放的劳动保护用品的支出。如工作服、手套、防暑降温饮料以及在有碍身体健康的环境中施工的保健费用等。

8）检验试验费：施工企业按照有关标准规定，对建筑以及材料、构件和建筑安装物进行一般鉴定、检查所发生的费用，包括自设试验室进行试验所耗用的材料等费用，不包括新结构、新材料的试验费，对构件做破坏性试验及其他特殊要求检验试验的费用和建设单位委托检测机构进行检测的费用，对此类检测发生的费用，由建设单位在工程建设其他费用中列支。但对施工企业提供的具有合格证明的材料进行检测不合格的，该检测费用由施工企业支付。当一般纳税人采用一般计税方法时，检验试验费中增值税进项税额现代服务业以适用的税率 6% 扣减。

9）工会经费：企业按《中华人民共和国工会法》规定的全部职工工资总额比例计提的工会经费。

10）职工教育经费：按职工工资总额的规定比例计提，企业为职工进行专业技术和职业技能培训，专业技术人员继续教育、职工职业技能鉴定、职业资格认定以及根据需要对职工进行各类文化教育所发生的费用。

11）财产保险费：施工管理用财产、车辆等的保险费用。

12）财务费：企业为施工生产筹集资金或提供预付款担保、履约担保、职工工资支付担保等所发生的各种费用。

13）税金：企业按规定缴纳的房产税、车船使用税、土地使用税、印花税、城市维护建设税、教育费附加、地方教育附加等各项税费。

14）其他：包括技术转让费、技术开发费、投标费、业务招待费、绿化费、广告费、公证费、法律顾问费、审计费、咨询费、保险费等。

企业管理费的参考计算方法。

a. 以分部分项工程费为计算基础。

$$企业管理费费率(\%) = \frac{生产工人年平均管理费}{年有效施工天数 \times 人工单价} \times 人工费占分部分项目工程费比例(\%)$$

$$(1.3.18)$$

b. 以人工费和施工机具使用费合计为计算基础。

$$企业管理费费率(\%) = \frac{生产工人年平均管理费}{年有效施工天数 \times (人工单价 + 每一工日机械使用费)} \times 100\%$$

$$(1.3.19)$$

c. 以人工费为计算基础。

$$企业管理费费率(\%) = \frac{生产工人年平均管理费}{年有效施工天数 \times 人工单价} \times 100\% \qquad (1.3.20)$$

注意：上述公式适用于施工企业投标报价时自主确定管理费，是工程造价管理机构编制计价定额确定企业管理费的参考依据。工程造价管理机构在确定计价定额中企业管理费时，应以定额人工费或定额人工费与施工机具使用费之和作为计算基数，其费率根据历年积累的工程造价资料，辅以调查数据确定，列入分部分项工程和措施项目中。

（5）利润：施工单位从事建筑安装工程施工所获得的盈利。

利润的参考计算方法包括两种：

1）施工企业根据企业自身需求并结合建筑市场实际自主确定，列入报价中。

2）工程造价管理机构在确定计价定额利润时，应以定额人工费或定额人工费与施工机具使用费之和作为计算基数，其费率根据历年积累的工程造价资料，并结合建筑市场实际确定，以单位（单项）工程测算，利润在税前建筑安装工程费的比重可按不低于5%且不高于7%的费率计算。利润应列入分部分项工程和措施项目中。

（6）规费：按国家法律、法规规定，由省级政府和省级有关权力部门规定必须缴纳或计取的费用。包括以下几部分。

1）社会保险费。

a. 养老保险费：企业按照规定标准为职工缴纳的基本养老保险费。

b. 失业保险费：企业按照规定标准为职工缴纳的失业保险费。

c. 医疗保险费：企业按照规定标准为职工缴纳的基本医疗保险费。

d. 工伤保险费：企业按照规定标准为职工缴纳的工伤保险费。

e. 生育保险费：企业按照规定为职工缴纳的生育保险费。

2）住房公积金：企业按照规定标准为职工缴纳的住房公积金。

规费的参考计算方法如下。

社会保险费和住房公积金。社会保险费和住房公积金应以定额人工费为计算基础，根据工程所在地省、自治区、直辖市或行业建设主管部门规定费率计算。

$$社会保险费 + 住房公积金 = \sum[工程定额人工费 \times (社会保险费 + 住房公积金费率)]$$

$$(1.3.21)$$

式中，社会保险费和住房公积金费率可以每万元发承包价的生产工人人工费和管理人员工资含量与工程所在地规定的缴纳标准综合分析取定。

（7）税金：国家税法规定应计入建筑安装工程造价内的增值税额销项税额。

1）增值税税率。根据《关于深化增值税改革有关政策的公告》（财税〔2019〕39号）调整后的增值税税率见表1.3.1。

纳税人兼营不同税率的项目，应当分别核算不同税率项目的销售额；未分别核算销售额的，从高适用税率。

2）增值税应纳税额计算。纳税人销售货物、劳务、服务、无形资产、不动产（以下统称应税销售行为），应纳税额为当期销项税额抵扣当期进项税额后的余额。应纳税额计算公式：

$$应纳税额 = 当期销项税额 - 当期进项税额 \qquad (1.3.22)$$

当期销项税额小于当期进项税额不足抵扣时，其不足部分可以结转下期继续抵扣。

表 1.3.1 　　　　　　　　　　　　　增 值 税 税 率

序号	增值税纳税行业		增值税税率或扣除率
1	销售或进口货物（另有举例的货物除外）		13%
	提供服务	提供加工、修理、修配劳务	
		提供有形动产租赁服务	
2	销售或进口货物	粮食等农产品、食用植物油、食用盐	9%
		自来水、暖气、冷气、热气、煤气、石油液化气、天然气、沼气、居民用煤炭制品	
		图书、报纸、杂志、音像制品、电子出版物	
		饲料、化肥、农药、农机、农膜	
		国务院规定的其他货物	
	提供服务	转让土地使用权、销售不动产、提供不动产租赁、提供建筑服务、提供交通运输服务、提供邮政服务、提供基础电信服务	
3	销售无形资产		6%
	提供服务（另有举例的服务除外）		
4	出口货物（国务院另有规定的除外）		零税率
	提供服务	国际运输服务、航天运输服务	
		向境外单位提供的完全在境外消费的相关服务	
		财政局和国家税务总局规定的其他服务	

纳税人发生应税销售行为，按照销售额和《中华人民共和国增值税暂行条例》规定的税率计算收取的增值税额，为销项税额。销项税额计算公式：

$$销项税额＝销售额×税率 \qquad (1.3.23)$$

销售额为纳税人发生应税销售行为收取的全部价款和价外费用，但是不包括收取的销项税额。

销售额以人民币计算。纳税人以人民币以外的货币结算销售额的，应当折合成人民币计算。

3）建筑业增值税计算办法。建筑安装工程费用的增值税是指国家税法规定应计入建筑安装工程造价内的增值税销项税额。增值税的计税方法，包括一般计税方法和简易计税方法。一般纳税人发生应税行为适用一般计税方法计税。小规模纳税人发生应税行为适用简易计税方法计税。

小规模纳税人通常指纳税人提供建筑服务的年应征增值税销售额未超过 500 万元，并且会计核算不健全，不能按规定报送有关税务资料的增值税纳税人。年应税销售额超过 500 万元，但不经常发生应税行为的单位也可选择按照小规模纳税人计税。

a. 一般计税方法。当采用一般计税方法时，建筑业增值税税率为 9%，计算公式为

$$增值税销项税额＝税前造价×9\% \qquad (1.3.24)$$

税前造价为人工费、材料费、施工机具使用费、企业管理费、利润和规费之和，各费用项目均以不包含增值税可抵扣进项税额的价格计算。

b. 简易计税方法。简易计税方法的应纳税额，是指按照销售额和增值税征收率计算的增值税额，不得抵扣进项税额。

当采用简易计税方法时，建筑业增值税征收率为3%，计算公式为

$$增值税 = 税前造价 \times 3\% \tag{1.3.25}$$

税前造价为人工费、材料费、施工机具使用费、企业管理费、利润和规费之和，各费用项目均以包含增值税进项税额的含税价格计算。

2. 建筑安装工程费用项目组成（按造价形成划分）

建筑安装工程费按照工程造价形成由分部分项工程费、措施项目费、其他项目费、规费、税金组成，分部分项工程费、措施项目费、其他项目费包含人工费、材料费、施工机具使用费、企业管理费和利润（图1.3.2）。

（1）分部分项工程费：各专业工程的分部分项工程应予列支的各项费用。

1）专业工程：按现行国家计量规范划分的房屋建筑与装饰工程、仿古建筑工程、通用安装工程、市政工程、园林绿化工程、矿山工程、构筑物工程、城市轨道交通工程、爆破工程等各类工程。

2）分部分项工程：指按现行《计量规范》对各专业工程划分的项目。如房屋建筑与装饰工程划分的土石方工程、地基处理与桩基工程、砌筑工程、钢筋及钢筋混凝土工程等。

各类专业工程的分部分项工程划分见现行国家或行业计量规范。

分部分项工程费的参考计算方法：

$$分部分项工程费 = \sum(分部分项工程量 \times 综合单价) \tag{1.3.26}$$

式中，综合单价包括人工费、材料费、施工机具使用费、企业管理费和利润以及一定范围的风险费用。

（2）措施项目费：为完成建设工程施工，发生于该工程施工准备和施工过程中的技术、生活、安全、环境保护等方面的费用。措施项目及其包含的内容应遵循各类专业工程的现行国家或行业工程量计算规范。以《计量规范》中的规定，措施项目费可以归纳为以下几项。

1）安全文明施工费。安全文明施工费是指工程项目施工期间，施工单位为保证安全施工、文明施工和保护现场内外环境等所发生的措施项目费用。通常由环境保护费、文明施工费、安全施工费、临时设施费组成。

a. 环境保护费：施工现场为达到环保部门要求所需要的各项费用。

b. 文明施工费：施工现场文明施工所需要的各项费用。

c. 安全施工费：施工现场安全施工所需要的各项费用。

d. 临时设施费：施工企业为进行建设工程施工所必须搭设的生活和生产用的临时建筑物、构筑物和其他临时设施费用，包括临时设施的搭设、维修、拆除、清理费或摊销费等。

e. 建筑工人实名制管理费：对建筑工人实行实名制管理所需费用。

2）夜间施工增加费：因夜间施工所发生的夜班补助费、夜间施工降效、夜间施工照明设备摊销及照明用电等费用。内容由以下各项组成。

a. 夜间固定照明灯具和临时可移动照明灯具的设置、拆除费用。

b. 夜间施工时，施工现场交通标志、安全标牌、警示灯的设置、移动、拆除费用。

c. 夜间施工照明设备摊销及照明用电、施工人员夜班补助、夜间施工劳动效率降低等费用。

3）非夜间施工照明费：为保证工程施工正常进行，在地下室等特殊施工部位施工时所采用的照明设备的按拆、维护及照明用电等费用。

4）二次搬运费：因施工管理需要或因场地狭小等原因，导致建筑材料、设备等不能一次搬运到位，必须发生的二次或以上搬运所需的费用。

5）冬雨季施工增加费：在冬雨季天气原因导致施工效率降低加大投入而增加的费用，以及为确保冬雨季施工质量和安全而采取的保温、防雨等措施所需的费用。内容由以下各项组成。

a. 冬雨（风）季施工时，增加的临时设置（防寒保温、防雨、防风设施）的搭设、拆除费用。

b. 冬雨（风）季施工时，对砌体、混凝土等采用的特殊加温、保温和养护措施费用。

c. 冬雨（风）季施工时，施工现场防滑处理、对影响施工的雨雪的清除费用。

d. 冬雨（风）季施工时，增加的施工人员的劳动保护用品、冬雨（风）季施工劳动效率降低等费用。

6）地上、地下设施和建筑物的临时保护设施费：在施工过程中，对已建成的地上、地下设施和建筑物进行的遮盖、封闭、隔离等必要保护措施所发生的费用。

7）已完工程及设备保护费：竣工验收前，对已完工程及设备采取的覆盖、包裹、封闭、隔离等必要保护措施所发生的费用。

8）脚手架费：施工需要的各种脚手架搭、拆、运输费用以及脚手架购置费的摊销（或租赁）费用。通常包括以下内容。

a. 施工时可能发生的场内、场外材料搬运费用。

b. 搭、拆脚手架、斜道、上料平台费用。

c. 安全网的铺设费用。

d. 拆除脚手架后材料的堆放费用。

9）混凝土模板及支架（撑）费：混凝土施工过程中需要的各种钢模板、木模版、支架等的支拆、运输费用及模板、支架的摊销（或租赁）费用。内容由以下各项组成。

a. 混凝土施工过程中需要的各种模板制作费用。

b. 模板安装、拆除、整理堆放及场内外运输费用。

c. 清理模板黏结物及模内杂物、刷隔离剂等费用。

10）垂直运输费：现场所用材料、机具从地面运至相应高度以及职工人员上下工作面等所发生的运输费用。内容由以下各项组成。

a. 垂直运输机械的固定装置、基础制作、安装费。

b. 行走式垂直运输机械轨道的铺设、拆除、摊销费。

11）超高施工增加费：当单层建筑物檐口高度超过20m，多层建筑物超过6层时，可计算超高施工增加费，内容由以下各项组成：

a. 建筑物超高引起的人工工效降低以及由于人工工效降低引起的机械降效费。

b. 高层施工用水加压水泵的安装、拆除及工作台班费。

c. 通信联络设备的使用及摊销费。

12）大型机械设备进出场及安拆费：机械整体或分体自停放场地运至施工现场或由一个施工地点运至另一个施工地点，所发生的机械进出场运输及转移费用及机械在施工现场进行安装、拆卸所需的人工费、材料费、机械费、试运转费和安装所需的辅助设施的费用。内容由安拆费和近出场费组成。

a. 安拆费包括施工机械、设备在现场进行安装拆卸所需人工、材料、机具和试运转费用以及机械辅助设施的折旧、搭设、拆除等费用。

b. 近出场费包括施工机械、设备；整体或分体自停放场地运至施工现场或由一个施工地点运至另一个施工地点所发生的运输、装卸、辅助材料等费用。

13）施工排水、降水费：将施工期间有碍施工作业和影响工程质量的水排到施工场地以外，以及防止在地下水位较高的地区开挖深基坑出现基坑浸水，地基承载力下降，在动水压力作用下还可能引起流沙、管涌和边坡失稳等现象而必须采用有效的降水和排水措施费用。该项费用由成井和排水、降水两个独立的费用项目组成。

a. 成井的费用主要包括：①准备钻孔机械、埋设护筒，钻机就位，泥浆制作、固壁，成孔、除渣、清孔等费用；②对接上、下井管（滤管），焊接，安防，下滤料，洗井，连接试抽等费用。

b. 排水、降水的费用主要包括：①管道安装、拆除，场内搬运等费用；②抽水、值班、降水设备维修等费用。

14）其他：根据项目的专业特点或所在地区不同，可能会出现其他的措施项目。如工程定位复测费和特殊地区施工增加费等。

措施项目费的参考计算方法。

a. 应予计量的措施项目，与分部分项工程费的计算方法基本相同，公式为

$$措施项目费 = \sum(措施项目工程量 \times 综合单价) \tag{1.3.27}$$

不同的措施项目其工程量的计算单位是不同的，分列如下：

（a）脚手架费通常按建筑面积或垂直投影面积按"m²"计算。

（b）混凝土模板及支架（撑）费通常是按照模板与现浇混凝土构件的接触面积以"m²"计算。

（c）垂直运输费可根据不同情况用两种方法进行计算：①按照建筑面积以"m²"为单位计算；②按照施工工期日历天数以"天"为单位计算。

（d）超高施工增加费通常按照建筑物超高部分的建筑面积以"m²"为单位计算。

（e）大型机械设备进出场及安拆费通常按照机械设备的适用数量以"台次"为单位计算。

（f）施工排水、降水费分两个不同的独立部分计算：①成井费通常按照设计图示尺寸

以钻孔深度按"m"计算；②排水、降水费用通常按照排、降水日历天数按"昼夜"计算。

b. 不宜计量的措施项目，通常用计算基数乘以费率的方法予以计算。

（a）安全文明施工费。计算公式为

$$安全文明施工费 = 计算基数 \times 安全文明施工费费率(\%) \tag{1.3.28}$$

计算基数应为定额基价（定额分部分项工程费＋定额中可以计量的措施项目费）、定额人工费或（定额人工费＋定额机械费），其费率由工程造价管理机构根据各专业工程的特点综合确定。

（b）其余不宜计量的措施项目。包括夜间施工增加费，非夜间施工照明费，二次搬运费，冬雨季施工增加费，地上、地下设施和建筑物的临时保护设施费，已完工程及设备保护费等。计算公式为

$$措施项目费 = 计算基数 \times 措施项目费费率(\%) \tag{1.3.29}$$

式（1.3.29）中的计算基数应为定额人工费或定额人工费与定额施工机具适用费之和，其费率由工程造价管理机构根据各专业工程特点和调查资料综合分析后确定。

c. 其他项目费。

（a）暂列金额：建设单位在工程量清单中暂定并包括在工程合同价款中的一笔款项。用于施工合同签订时尚未确定或者不可预见的所需材料、工程设备、服务的采购，施工中可能发生的工程变更、合同约定调整因素出现时的工程价款调整以及发生的索赔、现场签证确认等的费用。

（b）计日工：在施工过程中，施工企业完成建设单位提出的施工图纸以外的零星项目或工作所需的费用。

（c）总承包服务费：总承包人为配合、协调建设单位进行的专业工程发包，对建设单位自行采购的材料、工程设备等进行保管以及施工现场管理、竣工资料汇总整理等服务所需的费用。

其他项目费的参考计算方法如下。

a）暂列金额由建设单位根据工程特点，按有关计价规定估算，施工过程中由建设单位掌握使用、扣除合同价款调整后如有余额，归建设单位。

b）计日工由建设单位和施工企业按施工过程中的签证计价。

c）总承包服务费由建设单位在招标控制价中根据总包服务范围和有关计价规定编制，施工企业投标时自主报价，施工过程中按签约合同价执行。

d. 规费：与按费用构成要素划分中的完全一样。

e. 税金：与按费用构成要素划分中的完全一样。

建设单位和施工企业均应按照省、自治区、直辖市或行业建设主管部门发布标准计算规费和税金，不得作为竞争性费用。

1.3.5　工程建设其他费用

工程建设其他费用，是指在建设期发生的与土地使用权取得、整个工程项目建设以及未来生产经营有关的构成建设投资但不包括在工程费用（设备及工、器具购置费和建筑安装工程费）中的费用。

1. 建设用地费

建设用地费是指为获得工程项目建设土地的使用权而在建设期内发生的各项费用，包括通过划拨方式取得土地使用权而支付的土地征用及拆迁补偿费，或者通过土地使用权出让方式取得土地使用权而支付的土地使用权出让金。

2. 与工程建设有关的其他费用

与工程建设有关的其他费用主要包括建设管理费、可行性研究费、研究试验费、勘察设计费、专项评价及验收费、场地准备及临时设施费、引进技术和引进设备其他费用、工程保险费、特殊设备安全监督检验费、市政公用设施费。其费用根据各地与工程建设有关的其他费用的具体构成内容和标准计算。

3. 与未来企业生产经营有关的其他费用

与未来企业生产经营有关的其他费用主要包括联合试运转费、专利及专有技术使用费和生产准备费。

（1）联合试运转费是指新建或新增加生产能力的工程项目，在交付生产前按照设计文件规定的工程质量标准和技术要求，对整个生产线或装置进行负荷联合试运转所发生的费用净支出（试运转支出大于收入的差额部分费用）。试运转支出包括试运转所需原材料、燃料及动力消耗、低值易耗品、其他材料消耗、工具用具使用费、机械使用费、保险金、施工单位参加试运转人员工资以及专家指导费等；试运转收入包括试运转期间的产品销售收入和其他收入。联合试运转费不包括应由设备安装工程费用开支的调试及试车费用，以及在试运转中暴露出来的因施工原因或设备缺陷等发生的处理费用。

（2）专利及专有技术使用费是指在建设期内为取得专利、专利技术、商标权、商誉、特许经营权等发生的费用。

（3）生产准备费是指在建设期内，建设单位为保证项目正常生产而发生的人员培训费、提前进厂费以及投产适用必备的办公、生活家具用具及工器具等的购置费用。

该项费用一般按照设计定员人数乘以相应的生产准备费指标进行估算。改、扩建工程项目按新增设计定员为基数计算。

1.3.6 预备费

预备费是指在建设期内因各种不可预见因素的变化而预留的可能增加的费用，包括基本预备费和价差预备费。

1. 基本预备费

基本预备费是指投资估算或工程概算阶段预留的，由于工程实施中不可预见的工程变更及洽商、一般自然灾害处理、地下障碍物处理、超规超限设备运输等而可能增加的费用，亦可称为不可预见费。基本预备费一般由以下四部分构成。

（1）工程变更及洽商：在批准的初步设计范围内，技术设计、施工图设计及施工过程中所增加的工程费用；设计变更、工程变更、材料代用、局部地基处理等增加的费用。

（2）一般自然灾害处理：一般自然灾害造成的损失和预防自然灾害所采取的措施费用。实行工程保险的工程项目，该费用应适当降低。

（3）不可预见的地下障碍物处理的费用。

（4）超规超限设备运输增加的费用。

基本预备费一般用工程费用（建筑安装工程费用、设备及工器具购置费）和工程建设其他费用二者之和乘以基本预备费率进行计算。其计算公式为

$$基本预备费 = （工程费用 + 工程建设其他费用）\times 基本预备费率 \qquad (1.3.30)$$

式中　基本预备费率一般按照国家有关部门的规定执行。

2. 价差预备费

价差预备费是指为在建设期内利率、汇率或价格等因素的变化而预留的可能增加的费用，亦称为价格变动不可预见费。价差预备费的内容包括：人工、设备、材料、施工机具的价差费，建筑安装工程费及工程建设其他费用调整，利率、汇率调整等增加的费用。计算公式为

$$PF = \sum_{t=1}^{n} I_t \left[(1+f)^m (1+f)^{0.5} (1+f)^{t-1} - 1 \right] \qquad (1.3.31)$$

式中　PF——价差预备费；

　　　　n——建设期年份数；

　　　　I_t——建设期中第 t 年的静态投资计划额，包括工程费用、工程建设其他费用及基本预备费，即第 t 年的静态投资；

　　　　f——年均投资价格上涨率；

　　　　m——建设前期年限（从编制估算到开工建设），年。

1.3.7　建设期贷款利息及其计算

建设期贷款利息主要是指在建设期内发生的为工程项目筹措资金的融资费用及债务资金利息，包括向国内银行和其他非银行金融机构贷款、出口信贷、外国政府贷款、国际商业银行贷款以及在境内外发行的债券等在建设期间内应偿还的借款利息。根据我国现行规定，在建设项目的建设期内只计息不还款。贷款利息的计算分为以下三种情况。

1. 当贷款总额一次性贷出且利率固定时利息的计算

当贷款总额一次性贷出且利率固定时，按下式计算贷款利息：

$$贷款利息 = F - P \qquad (1.3.32)$$

$$F = P(1 + i_{实际})^n \qquad (1.3.33)$$

式中　P——一次性贷款金额；

　　　　F——建设期还款时的本利和；

　　　　$i_{实际}$——年实际利率；

　　　　n——贷款期限。

2. 当总贷款是分年均衡发放时利息的计算

当总贷款是分年均衡发放时，建设期利息的计算可按当年借款在年中支用考虑，即当年贷款按半年计息，上年贷款按全年计息。计算公式为

$$q_t = \left(P_{t-1} + \frac{1}{2} A_t \right) i_{实际} \qquad (1.3.34)$$

$$建设期贷款利息 = 建设期各年应计利息之和$$

式中　q_t——建设期第 t 年应计利息；

　　　P_{t-1}——建设期第（$t-1$）年年末贷款累计金额与利息累计金额之和；

　　　A_t——建设期第 t 年贷款金额；

　　　$i_{实际}$——年实际利率。

3. 当总贷款分年贷款且在建设期各年年初发放时利息的计算

当总贷款分年贷款且在建设期各年年初发放时，建设期利息的计算可按当年借款和上年贷款都按全年计息。计算公式为

$$q_t = (P_{t-1} + A_t)i_{实际} \tag{1.3.35}$$

实际利率与名义利率的换算公式为

$$i_{实际} = \left(1 + \frac{i_{名义}}{m}\right)^m - 1 \tag{1.3.36}$$

式中　$i_{名义}$——年名义利率；

　　　m——每年结息的次数。

【典型例题】

【例 1.3.1】　某新建项目，建设期为 3 年，贷款年利率为 6%，按季计息，试计算以下三种情况下建设期的贷款利息。

1. 如果在建设期初一次性贷款 1300 万元。

2. 如果贷款在各年均衡发放，第一年贷款 300 万元，第二年贷款 600 万元，第三年贷款 400 万元。

3. 如果贷款在各年年初发放，第一年贷款 300 万元，第二年贷款 600 万元，第三年贷款 400 万元。

解：由题意可知：贷款年利率为 6%，按季计息，因此，先把 6% 的名义利率换算成为年实际利率。

$$i_{实际} = \left(1 + \frac{i_{名义}}{m}\right)^m - 1 = (1 + 6\%/4)^4 - 1 = 6.14\%$$

1. 如果在建设期初一次性贷款 1300 万元

根据在建设期初一次性贷款的公式，第三年年末的本利和为：

$$F = P(1 + i_{实际})^n = 1300 \times (1 + 6.14\%)^3 = 1554.46(万元)$$

建设期的总利息为：1554.46 − 1300 = 254.46（万元）

2. 如果贷款在各年均衡发放

在建设期，各年利息和总利息计算如下：

$$q_1 = \frac{1}{2}A_1 i_{实际} = \frac{1}{2} \times 300 \times 6.14\% = 9.21(万元)$$

$$q_2 = \left(P_1 + \frac{1}{2}A_2\right)i_{实际} = \left(300 + 9.21 + \frac{1}{2} \times 600\right) \times 6.14\% = 37.41(万元)$$

$$q_3 = \left(P_2 + \frac{1}{2}A_3\right)i_{实际} = \left(300 + 9.21 + 600 + 37.41 + \frac{1}{2} \times 400\right) \times 6.14\%$$

$$= 70.4(万元)$$

所以，建设期贷款利息为：$9.21+37.41+70.4=117.02$（万元）

3. 如果贷款在各年年初发放

各年利息和总利息计算如下：

$$q_1=A_1 i_{实际}=300\times 6.14\%=18.42（万元）$$

$$q_2=(P_1+A_2)i_{实际}=(300+18.42+600)\times 6.14\%=56.39（万元）$$

$$q_3=(P_2+A_3)i_{实际}=(300+18.42+600+56.39+400)\times 6.14\%$$

$$=84.41（万元）$$

所以，建设期贷款利息为：$18.42+56.39+84.41=159.22$（万元）

【例 1.3.2】　某建设项目材料（适用 13%增值税率）从两个地方采购，其采购量及有关费用见表 1.3.2，求该工地水泥的单价（表中原价、运杂费均为含税价格，且材料采用"两票制"支付方式）。

表 1.3.2　　　　　　　　　　　　　　　材 料 采 购 信 息 表

采购处	采购量 /t	原价 /（元/t）	运杂费 /（元/t）	运输损耗费 /%	采购及保管费费率 /%
甲地	300	240	20	0.5	3.5
乙地	200	250	15	0.4	

解：甲地供应材料的原价（不含税）$=240/1.13=212$（元/t）

甲地供应材料的运杂费（不含税）$=20/1.09=18$（元/t）

乙地供应材料的原价（不含税）$=250/1.13=221$（元/t）

乙地供应材料的运杂费（不含税）$=15/1.09=13$（元/t）

加权平均原价$=(300\times 212+200\times 221)/(300+200)=215$（元/t）

加权平均运杂费$=(300\times 18+200\times 13)/(300+200)=16$（元/t）

甲地的运输损耗费$=(212+18)\times 0.5\%=1$（元/t）

乙地的运输损耗费$=(221+13)\times 0.4\%=0.93$（元/t）

加权平均运输损耗费$=(300\times 1+200\times 0.93)/(300+200)=0.97$（元/t）

材料单价$=(215+16+0.97)\times(1+3.5\%)=240.08$（元/t）

【自测训练】

1. 某新建项目，建设期 3 年，如果贷款在各年年初发放，第一年贷款 500 万元，第二年贷款 200 万元，第三年贷款 300 万元，$i=10\%$，求建设期贷款利息。

2. 某材料（适用 17%增值税率）自甲、乙两地采购，甲地采购量为 400t，原价为 180 元/t（不含税），运杂费为 30 元/t（不含税）；乙地采购量为 300t，原价为 280 元/t（不含税），运杂费为 28 元/t（不含税），该材料运输损耗率和采购保管费费率分别为 1%和 2%，材料采用"一票制"支付方式。若采取简易计税方法时，该材料的单价为多少元/t？

任务 1.4　建 筑 面 积 的 计 算

【学习目标】

（1）了解建筑面积的概念及其构成。

（2）掌握《建筑工程建筑面积计算规范》（GB/T 50353—2013）中建筑面积计算规则。

【相关知识】

1.4.1　建筑面积的概念及组成

1. 建筑面积及其组成

建筑面积亦称建筑展开面积，它是指房屋建筑中各层外围结构水平投影面积的总和。它是表示一个建筑物建筑规模大小的经济指标，由使用面积、辅助面积和结构面积三部分组成。

2. 使用面积、辅助面积和结构面积

使用面积是指建筑物各层平面中直接为生产或生活使用的净面积的总和，如居住建筑中的卧室、客厅等。

辅助面积是指建筑物各层平面为辅助生产或生活活动所占的净面积的总和，如居住建筑中的走道、厕所、厨房等。

结构面积是指建筑物各层平面中结构构件所占的面积总和，如居住建筑中的墙、柱等结构所占的面积。

1.4.2　成套房屋的建筑面积

1. 成套房屋的建筑面积及其组成

成套房屋的建筑面积是指房屋权利人所有的总建筑面积，也是房屋在权属登记时的一大要素。其组成为

成套房屋的建筑面积＝套内建筑面积＋分摊的共有公用建筑面积

2. 套内建筑面积及其组成

房屋的套内建筑面积是指房屋权利人单独占有使用的建筑面积。其组成为

套内建筑面积＝套内房屋有效面积＋套内墙体面积＋套内阳台建筑面积

（1）套内房屋有效面积。套内房屋有效面积是指套内直接或辅助为生活服务的净面积之和，包括使用面积和辅助面积两部分。

（2）套内墙体面积。套内墙体面积是指应该计算到套内建筑面积中的墙体所占的面积，包括非共用墙和共用墙两部分。

非共用墙是指套内部各房间之间的隔墙，如客厅与卧室之间、卧室与书房之间、卧室与卫生间之间的隔墙，非共用墙均按其投影面积计算。

共用墙是指各套之间的分隔墙、套与公用建筑空间的分隔墙和外墙，共用墙均按其投影面积的一半计算。

（3）套内阳台建筑面积。套内阳台建筑面积按照阳台建筑面积计算规则计算即可。

3. 分摊的共有公用建筑面积

分摊的共有公用建筑面积是指房屋权利人应该分摊的各产权业主共同占有或共同使用的那部分建筑面积。包括以下几部分。

第一部分为电梯井。管道井、楼梯间、变电室、设备间、公共门厅、过道、地下室、值班警卫室等，以及为整幢服务的公共用房和管理用房的建筑面积。

第二部分为套与公共建筑之间的分隔墙，以及外墙（包括山墙）公共墙，其建筑面积为水平投影面积的一半。

独立使用的地下室、车棚、车库，为多幢服务的警卫室、管理用房，作为人防工程的地下室通常都不计入共有的建筑面积。

（1）共有公用建筑面积的处理原则。

1）产权各方有合法权属分割文件或协议的，按文件或协议规定执行。

2）无产权分割文件或协议的，按相关房屋的建筑面积比例进行分摊。

（2）每套应该分摊的共有公用建筑面积，计算每套应该分摊的共有公用建筑面积时，应该按以下三个步骤进行。

1）计算共有公用建筑面积：

共有公用建筑面积＝整栋建筑物的建筑面积－各套内建筑面积之和

－作为独立使用空间出售或出租的地下室、

车棚及人防工程等建筑面积

2）计算共有公用建筑面积分摊系数：

共有公用建筑面积分摊系数＝共有公用建筑面积/套内建筑面积之和

3）计算每套应该分摊的共有公用建筑面积：

每套应分摊的共有公用建筑面积＝共有公用建筑面积分摊系数×套内建筑面积

1.4.3 建筑面积的作用

（1）确定建设规划的重要指标。

（2）确定各项技术经济指标的基础。

（3）计算有关分项工程量的依据。

（4）选择概算指标和编制概算的主要依据。

1.4.4 建筑面积的计算

1.4.4.1 术语

（1）建筑面积 construction area：建筑物（包括墙体）所形成的楼地面面积。

（2）自然层 floor：按楼地面结构分层的楼层。

（3）结构层高 structure story height：楼面或地面结构层上表面至上部结构层上表面之间的垂直距离。

（4）围护结构 building enclosure：围合建筑空间的墙体、门、窗。

（5）建筑空间 space：以建筑界面限定的、供人们生活和活动的场所。

（6）结构净高 structure net height：楼面或地面结构层上表面至上部结构层下表面之间的垂直距离。

（7）围护设施 enclosure facilities：为保障安全而设置的栏杆、栏板等围挡。

（8）地下室 basement：室内地平面低于室外地平面的高度超过室内净高1/2的房间。

（9）半地下室 semi - basement：室内地平面低于室外地平面的高度超过室内净高1/3、且不超过1/2的房间。

（10）架空层 stilt floor：仅有结构支撑而无外围护结构的开敞空间层。

（11）走廊 corridor：建筑物中的水平交通空间。

（12）架空走廊 elevated corridor：专门设置在建筑物的二层或二层以上，作为不同建筑物之间水平交通的空间。

（13）结构层 structure layer：整体结构体系中承重的楼板层。

（14）落地橱窗 french window：突出外墙面且根基落地的橱窗。

（15）凸窗（飘窗）bay window：凸出建筑物外墙面的窗户。

（16）檐廊 eaves gallery：建筑物挑檐下的水平交通空间。

（17）挑廊 overhanging corridor：挑出建筑物外墙的水平交通空间。

（18）门斗 air lock：建筑物入口处两道门之间的空间。

（19）雨篷 canopy：建筑出入口上方为遮挡雨水而设置的部件。

（20）门廊 porch：建筑物入口前有顶棚的半围合空间。

（21）楼梯 stairs：由连续行走的梯级、休息平台和维护安全的栏杆（或栏板）、扶手以及相应的支托结构组成的作为楼层之间垂直交通使用的建筑部件。

（22）阳台 balcony：附设于建筑物外墙，设有栏杆或栏板，可供人活动的室外空间。

（23）主体结构 major structure：接受、承担和传递建设工程所有上部荷载，维持上部结构整体性、稳定性和安全性的有机联系的构造。

（24）变形缝 deformation joint：防止建筑物在某些因素作用下引起开裂甚至破坏而预留的构造缝。

（25）骑楼 overhang：建筑底层沿街面后退且留出公共人行空间的建筑物。

（26）过街楼 overhead building：跨越道路上空并与两边建筑相连接的建筑物。

（27）建筑物通道 passage：为穿过建筑物而设置的空间。

（28）露台 terrace：设置在屋面、首层地面或雨篷上的供人室外活动的有围护设施的平台。

（29）勒脚 plinth：在房屋外墙接近地面部位设置的饰面保护构造。

（30）台阶 step：联系室内外地坪或同楼层不同标高而设置的阶梯形踏步。

1.4.4.2　建筑面积计算规则

根据《建筑工程建筑面积计算规范》（GB/T 50353—2013）的规定，建筑面积计算规则包括两部分内容，即计算建筑面积的范围和不计算建筑面积的范围。

1. 计算建筑面积的范围

（1）建筑物的建筑面积应按自然层外墙结构外围水平面积之和计算。结构层高在2.20m及以上的，应计算全面积；结构层高在2.20m以下的，应计算1/2面积。单层建筑立面图见图1.4.1。

（2）建筑物内设有局部楼层（图1.4.2），对于局部楼层的二层及以上楼层，有围护结构的应按其围护结构外围水平面积计算，无围护结构的应按其结构底板水平面积计算，且结构层高在2.20m及以上的，应计算全面积；结构层高在2.20m以下的，应计算1/2面积。

（3）对于形成建筑空间的坡屋顶（图1.4.3），结构净高在2.10m及以上的部位应计算全面积；结构净高在1.20m及以上至2.10m以下的部位应计算1/2面积；结构净高在1.20m以下的部位不应计算建筑面积。

图 1.4.1 单层建筑立面图

（a）平面图　　　　　　　　（b）1—1剖面图

图 1.4.2 设有局部楼层的建筑物

（a）平面图　　　　　　　　（b）1—1剖面图

图 1.4.3 坡屋顶平、剖面图

　　（4）对于场馆看台下的建筑空间（图 1.4.4），结构净高在 2.10m 及以上的部位应计算全面积；结构净高在 1.20m 及以上至 2.10m 以下的部位应计算 1/2 面积；结构净高在 1.20m 以下的部位不应计算建筑面积。室内单独设置的有围护设施的悬挑看台，应按看台结构底板水平投影面积计算建筑面积。有顶盖无围护结构的场馆看台应按其顶盖水平投影面积的1/2计算面积。

（a）平面图　　　　　　　　　　　（b）1—1剖面图

图1.4.4　看台下空间加以利用示意图

（5）地下室、半地下室（图1.4.5）应按其结构外围水平面积计算。结构层高在2.20m及以上的，应计算全面积；结构层高在2.20m以下的，应计算1/2面积。

（a）平面图　　　　　　　　　　　（b）1—1剖面图

图1.4.5　地下室平面图和剖面图

（6）出入口外墙外侧坡道有顶盖的部位，应按其外墙结构外围水平面积的1/2计算面积。

（7）建筑物架空层及坡地建筑物吊脚架空层（图1.4.6），应按其顶板水平投影计算建筑面积。结构层高在2.20m及以上的，应计算全面积；结构层高在2.20m以下的，应计算1/2面积。

（8）建筑物的门厅、大厅（图1.4.7）应按一层计算建筑面积，门厅、大厅内设置的走廊（图1.4.8）应按走廊结构底板水平投影面积计算建筑面积。结构层高在2.20m及以上的，应计算全面积；结构层高在2.20m以下的，应计算1/2面积。

（9）对于建筑物间的架空走廊（图1.4.9），有顶盖和围护设施的，应按其围护结构外围水平面积计算全面积；无围护结构、有围护设施的，应按其结构底板水平投影面积计算1/2面积。

图 1.4.6 坡地吊脚架空层

（a）首层平面图

（b）二层平面图

（c）1—1剖面图

图 1.4.7 门厅、大厅示意图

（a）平面图　　　　　　　　　　　　（b）1—1剖面图

图 1.4.8　门厅、大厅内设置走廊示意图

（a）平面图　　　　　　　　　　　　（b）1—1剖面图

图 1.4.9　架空走廊示意图

（10）对于立体书库、立体仓库、立体车库（图 1.4.10），有围护结构的，应按其围护结构外围水平面积计算建筑面积；无围护结构、有围护设施的，应按其结构底板水平投影面积计算建筑面积。无结构层的应按一层计算，有结构层的应按其结构层面积分别计算。结构层高在 2.20m 及以上的，应计算全面积；结构层高在 2.20m 以下的，应计算1/2面积。

（11）有围护结构的舞台灯光控制室，应按其围护结构外围水平面积计算。结构层高在 2.20m 及以上的，应计算全面积；结构层高在 2.20m 以下的，应计算1/2面积。

（12）附属在建筑物外墙的落地橱窗，应按其围护结构外围水平面积计算。结构层高在 2.20m 及以上的，应计算全面积；结构层高在 2.20m 以下的，应计算1/2面积。

（13）窗台与室内楼地面高差在 0.45m 以下且结构净高在 2.10m 及以上的凸（飘）窗，应按其围护结构外围水平面积计算1/2面积。

（a）平面图　　　　　　　　　　　　（b）1—1剖面

图 1.4.10　立体书库示意图

（14）有围护设施的室外走廊（挑廊）（图 1.4.11），应按其结构底板水平投影面积计算 1/2 面积；有围护设施（或柱）的檐廊，应按其围护设施（或柱）外围水平面积计算 1/2 面积。

图 1.4.11　走廊、挑廊、檐廊示意图

（15）门斗应按其围护结构外围水平面积计算建筑面积，且结构层高在 2.20m 及以上的，应计算全面积；结构层高在 2.20m 以下的，应计算 1/2 面积。

（16）门廊应按其顶板的水平投影面积的 1/2 计算建筑面积；有柱雨篷应按其结构板水平投影面积的 1/2 计算建筑面积；无柱雨篷的结构外边线至外墙结构外边线的宽度在 2.10m 及以上的，应按雨篷结构板的水平投影面积的 1/2 计算建筑面积。

（17）设在建筑物顶部的、有围护结构的楼梯间、水箱间、电梯机房等，结构层高在 2.20m 及以上的应计算全面积；结构层高在 2.20m 以下的，应计算 1/2 面积。

（18）围护结构不垂直于水平面的楼层（图 1.4.12），应按其底板面的外墙外围水平面积计算。结构净高在 2.10m 及以上的部位，应计算全面积；结构净高在 1.20m 及以上至

2.10m 以下的部位，应计算 1/2 面积；结构净高在 1.20m 以下的部位，不应计算建筑面积。

图 1.4.12　围护结构不垂直于水平面而超出底板外沿的建筑物

（19）建筑物的室内楼梯、电梯井、提物井、管道井、通风排气竖井、烟道（图 1.4.13），应并入建筑物的自然层计算建筑面积。有顶盖的采光井应按一层计算面积，且结构净高在 2.10m 及以上的，应计算全面积；结构净高在 2.10m 以下的，应计算 1/2 面积。

（20）室外楼梯（图 1.4.14）应并入所依附建筑物自然层，并应按其水平投影面积的 1/2 计算建筑面积。

（21）在主体结构内的阳台（图 1.4.15），应按其结构外围水平面积计算全面积；在主体结构外的阳台，应按其结构底板水平投影面积计算 1/2 面积。

图 1.4.13　室内电梯井、垃圾道剖面示意图

（22）有顶盖无围护结构的车棚、货棚、站台（图 1.4.16）、加油站、收费站等，应按其顶盖水平投影面积的 1/2 计算建筑面积。

（23）以幕墙作为围护结构的建筑物（图 1.4.17），应按幕墙外边线计算建筑面积。

（24）建筑物的外墙外保温层（图 1.4.18），应按其保温材料的水平截面积计算，并计入自然层建筑面积。

（25）与室内相通的变形缝，应按其自然层合并在建筑物建筑面积内计算。对于高低联跨的建筑物，当高低跨内部连通时，其变形缝应计算在低跨面积内。

（a）平面图　　　　　　　　　　（b）立面图

图 1.4.14　室外楼梯示意图

图 1.4.15　阳台示意图

（a）平面图　　　　　　　　　　（b）2—2剖面图

图 1.4.16　无围护结构的站台

图 1.4.17　建筑幕墙示意图

图 1.4.18　建筑物外墙外侧有保温隔热层示意图

（26）对于建筑物内的设备层、管道层、避难层等有结构层的楼层，结构层高在 2.20m 及以上的，应计算全面积；结构层高在 2.20m 以下的，应计算 1/2 面积。

2.不计算建筑面积的范围

（1）与建筑物内不相连通的建筑部件。

（2）骑楼、过街楼底层的开放公共空间和建筑物通道（图 1.4.19）。

（3）舞台及后台悬挂幕布和布景的天桥、挑台等。

（4）露台、露天游泳池、花架、屋顶的水箱及装饰性结构构件（图 1.4.20）。

（5）建筑物内的操作平台（图 1.4.21）、上料平台、安装箱和罐体的平台。

（6）勒脚、附墙柱、垛、台阶、墙面抹灰、装饰面、镶贴块料面层、装饰性幕墙，主体结构外的空调室外机搁板（箱）、

图 1.4.19　建筑物通道（过街楼）

构件、配件，挑出宽度在 2.10m 以下的无柱雨篷和顶盖高度达到或超过两个楼层的无柱雨篷。

（7）窗台与室内地面高差在 0.45m 以下且结构净高在 2.10m 以下的凸（飘）窗，窗台与室内地面高差在 0.45m 及以上的凸（飘）窗（图 1.4.22）。

（8）室外爬梯、室外专用消防钢楼梯（图 1.4.23）。

（9）无围护结构的观光电梯。

（10）建筑物以外的地下人防通道，独立的烟囱、烟道、地沟、油（水）罐、气柜、水塔、贮油（水）池、贮仓、栈桥等构筑物。

图 1.4.20　屋顶水箱、花架、凉棚、露台示意图

图1.4.21　操作平台示意图

图1.4.22　凸出墙面的构配件示意图

图1.4.23　用于检修、消防等的室外爬梯

【典型例题】

【例 1.4.1】　　如图 1.4.24 所示，某单层建筑物内设有局部楼层，试计算其建筑面积（墙厚均为 240mm）。

（a）立面图　　　　　　　　　　　　（b）Ⅰ—Ⅰ剖面图

（c）平面图

图 1.4.24　单层建筑物内设有局部楼层示意图

解： 底层建筑面积$= (6.0 + 4.0 + 0.24) \times (3.30 + 2.70 + 0.24)$

$$= 10.24 \times 6.24 = 63.90 (\text{m}^2)$$

楼隔层建筑面积$= (4.0 + 0.24) \times (3.30 + 0.24) = 4.24 \times 3.54 = 15.01 (\text{m}^2)$

总建筑面积$= 63.90 + 15.01 = 78.91 (\text{m}^2)$

【例 1.4.2】　　如图 1.4.25 所示，某多层住宅变形缝宽度为 0.20m，阳台水平投影尺寸为 1.80m×3.60m（共 18 个），无柱雨篷水平投影尺寸为 2.60m×4.00m，坡屋顶阁楼室内净高最高点为 3.65m，坡屋顶坡度为 1∶2；平屋面女儿墙顶面标高为 11.60m。请按《建筑工程建筑面积计算规范》（GB/T 50353—2013）计算建筑面积。

解：

A—C 轴建筑面积：

$$S_1 = 30.20 \times (8.4 \times 2 + 8.4 \times 1/2) = 634.20 (\text{m}^2)$$

C—D 轴建筑面积：

$$S_2 = 60.20 \times 12.20 \times 4 = 2937.76 (\text{m}^2)$$

坡屋面建筑面积：

$$S_3 = 60.20 \times (6.20 + 1.80 \times 2 \times 1/2) = 481.60 (\text{m}^2)$$

（a）平面图　　　　　　　　　　　　　　　　（b）立面图

图 1.4.25　某建筑物平面、立面图

雨篷建筑面积：

$$S_4 = 2.60 \times 4.00 \times 1/2 = 5.20 (\mathrm{m}^2)$$

阳台建筑面积：

$$S_5 = 18 \times 1.80 \times 3.60 \times 1/2 = 58.32 (\mathrm{m}^2)$$

总建筑面积：

$$S = S_1 + S_2 + S_3 + S_4 + S_5 = 4117.08 (\mathrm{m}^2)$$

【例 1.4.3】　某新建项目，地面以上 15 层，地下 2 层，有 1 层地下室，结构层高 2.3m，并把深基础加以利用做了 1 层地下架空层，架空层结构层高 2.6m。

（1）地下架空层顶板水平投影面积为 830m²。地下室结构外围水平面积为 830m²，如加上采光井、防潮层及保护墙，其外围水平面积总共为 900m²。

（2）首层外墙勒脚以上结构外围水平面积为 830m²；大楼正面入口处设有一门斗，层高 2.1m，其围护结构外围水平投影面积为 20m²；背面入口处设有无柱矩形雨篷，其挑出墙外的宽度为 2m，其顶盖挑出外墙以外的水平投影面积为 16m²；大楼正面和背面的入口处各设有 1 组台阶，水平投影面积均为 12m²；首层设有中央大厅，贯通 1、2 层，大厅面积为 240m²；首层没有阳台。

（3）第 2 层设有回廊，面积为 60m²。

（4）第 2～15 层建筑结构外围水平面积均为 830m²，各层主体结构外的全封闭式阳台水平投影面积均为 30m²；其中第 3 层为设备管道层，层高 2m，其余层层高均为 3.6m。

（5）楼顶上部设有楼梯间和电梯机房，层高均为 2.2m，其围护结构水平投影面积为 40m²。

（6）该建筑的附属工程为 1 座自行车棚，无围护结构，其顶盖水平投影面积为 200m²；室外有 1 处贮水池，其水平投影面积为 50m²。

问题：

（1）该建筑物的总建筑面积是多少？

（2）该建筑的附属工程的建筑面积是多少？

解：（1）该建筑物的总建筑面积见表 1.4.1。

表 1.4.1　　　　　　　　　　建筑物总建筑面积计算表

层数	建筑面积计算式	计算结果
架空层		830
地下室		830
首层	830＋20×0.5＝840	840
2 层	830－240＋60＋30×0.5＝665	665
3 层	830×0.5＋30×0.5＝430	430
4～15 层	(830＋30×0.5)×12＝10140	10140
楼顶层		40
总建筑面积	830＋830＋840＋665＋430＋10140＋40＝13775	13775

（2）该建筑的附属工程的建筑面积为：$100 \mathrm{m}^2$。

【自测训练】

1. 根据图 1.4.26 所示，计算该单层建筑物的建筑面积。

（a）平面图1:100

（b）北立面图1:100

图 1.4.26　单层建筑物平面、立面图

2. 某局部楼层的坡屋顶建筑物如图 1.4.27 所示，请计算该建筑物的建筑面积。

（a）平面图　　　　　　　　　　　（b）1—1 剖面

图 1.4.27　有局部楼层的坡屋顶建筑物

3. 某建筑物为一栋 7 层框混结构房屋。首层为现浇钢筋混凝土框架结构，层高为 6.0m；2～7 层为砖混结构，层高均为 2.8m。利用深基础架空层作设备层，其层高为 2.2m，本层外围水平面积 774.19m²。建筑设计外墙厚均为 240mm，外墙轴线尺寸（墙厚中线）为 15m×50m；第 1 层至第 5 层外围面积均为 765.66m²；第 6 层和第 7 层外墙的轴线尺寸为 6m×50m。第 1 层设有带柱雨篷，柱外边线至外墙结构边线为 4m，雨篷顶盖结构部分水平投影面积为 40m²。另在第 5 层至第 7 层有一带顶盖室外消防楼梯，其每层水平投影面积为 15m²。计算该建筑物的建筑面积。

项目 2 工程量清单编制

任务 2.1 工程量清单的编制要求

【学习目标】

（1）了解《计价规范》（GB 50500—2013）的术语及相关条款规定。

（2）掌握招标工程量清单的编制要求和具体编制方法。

【相关知识】

2.1.1 《计价规范》简介

2.1.1.1 《计价规范》的适用范围

《计价规范》适用于建设工程施工发承包计价活动，包括招标工程量清单、招标控制价、投标报价的编制、工程合同价款的约定、竣工结算的办理及施工过程中的工程计量、合同价款支付、施工索赔与现场签证、合同价款调整和合同价款争议的解决等。

《计价规范》规定：①全部使用国有资金投资或国有资金投资为主（以下两者简称国有资金投资）的建设工程施工发承包，必须采用工程量清单计价；②非国有资金投资的建设工程，宜采用工程量清单计价。

2.1.1.2 《计价规范》中的强制性条款

《计价规范》为国家标准，其强制性条文必须严格执行。

（1）全部使用国有资金投资或国有资金投资为主（以上两者简称国有资金投资）的建设工程施工发承包，必须采用工程量清单计价。

（2）分部分项工程和措施项目清单应采用综合单价计价。

（3）措施项目清单中的安全文明施工费应按照国家或省级、行业建设主管部门的规定计价，不得作为竞争性费用。

（4）规费和税金应按国家或省级、行业建设主管部门的规定计算，不得作为竞争性费用。

（5）采用工程量清单计价的工程，应在招标文件或合同中明确计价中的风险内容及其范围（幅度），不得采用无限风险、所有风险或类似语句规定计价中的风险内容及其范围（幅度）。

（6）招标工程量清单必须作为招标文件的组成部分，其准确性和完整性由招标人负责。

（7）分部分项工程量清单应载明项目编码、项目名称、项目特征、计量单位和工程量。

（8）分部分项工程量清单应根据相关工程现行《计量规范》规定的项目编码、项目名称、项目特征、计量单位和工程量计算规则进行编制。

（9）措施项目清单应根据相关工程现行《计量规范》的规定编制。

（10）国有资金投资的工程建设项目应实行工程量清单招标，招标人应编制招标控制价。

（11）投标报价不得低于工程成本。

（12）投标人应按招标工程量清单填报价格。项目编码、项目名称、项目特征、计量单位、工程量必须与招标工程量清单一致。

（13）工程量应按附录中规定的工程量计算规则计算。

（14）工程量必须以承包人完成合同工程应予计量的工程量确定。

（15）工程完工后，发承包双方必须在合同约定时间内办理工程竣工结算。

2.1.1.3 《计价规范》的术语

1. 工程量清单

建设工程的分部分项工程项目、措施项目、其他项目的名称和相应数量及规费和税金项目等内容的明细清单。

2. 招标工程量清单

招标人依据国家标准、招标文件、设计文件以及施工现场实际情况编制的，随招标文件发布供投标报价的工程量清单。

注意：招标工程量清单是2013版《计价规范》的新增术语，是招标阶段供投标人报价的工程量清单，是对工程量清单的进一步细化。

3. 已标价工程量清单

构成合同文件组成部分的投标文件中已标明价格，经算术性错误修正（如有）且承包人已确认的工程量清单，包括对其的说明和表格。

注意：已标价工程量清单是2013版《计价规范》的新增术语，是投标人对招标工程量清单已标明价格，并为招标人所接受，构成合同文件组成部分的工程量清单，是对工程量清单的进一步细化。

4. 综合单价

完成一个规定计量单位的分部分项工程和措施清单项目所需的人工费、材料和工程设备费、施工机具使用费和企业管理费、利润以及一定范围内的风险费用。

5. 工程量偏差

承包人按照合同签订时的图纸（含经发包人批准由承包人提供的图纸）实施，完成合同工程应予计量的实际工程量与招标工程量清单列出的工程量之间的偏差。

6. 暂列金额

招标人在工程量清单中暂定并包括在合同价款中的一笔款项。用于施工合同签订时尚未确定或者不可预见的所需材料、设备、服务的采购，施工中可能发生的工程变更、合同约定调整因素出现时的工程价款调整以及发生的索赔、现场签证确认等的费用。

7. 暂估价

招标人在工程量清单中提供的用于支付必然发生但暂时不能确定价格的材料、工程设备的单价以及专业工程的金额。

8. 计日工

在施工过程中，承包人完成发包人提出的施工图纸以外的零星项目或工作，按合同中约定的综合单价计价的一种方式。

9. 总承包服务费

总承包人为配合协调发包人进行的专业工程分包，发包人自行采购的设备、材料等进行保管以及施工现场管理、竣工资料汇总整理等服务所需的费用。

10. 安全文明施工费

承包人按照国家法律、法规等规定，在合同履行中为保证安全施工、文明施工，保护现场内外环境等所采用的措施发生的费用。

11. 施工索赔

在工程合同履行过程中，合同当事人一方因非己方的原因而遭受损失，按合同约定或法规规定应由对方承担责任，从而向对方提出补偿的要求。

12. 现场签证

发包人现场代表与承包人现场代表就施工过程中涉及的责任事件所做的签认证明。

13. 提前竣工（赶工）费

承包人应发包人的要求，采取加快工程进度的措施，使合同工程工期缩短产生的，应由发包人支付的费用。

14. 误期赔偿费

承包人未按照合同工程的计划进度施工，导致实际工期大于合同工期与发包人批准的延长工期之和，承包人应向发包人赔偿损失发生的费用。

15. 企业定额

施工企业根据本企业的施工技术和管理水平而编制的人工、材料和施工机械台班等的消耗标准。

16. 规费

根据省级政府或省级有关权力部门规定必须缴纳的，应计入建筑安装工程造价的费用。

17. 税金

国家税法规定的应计入建筑安装工程造价内的增值税。

18. 发包人

具有工程发包主体资格和支付工程价款能力的当事人以及取得该当事人资格的合法继承人。

19. 承包人

被发包人接受的具有工程施工承包主体资格的当事人以及取得该当事人资格的合法继承人。

20. 工程造价咨询人

取得工程造价咨询资质等级证书，接受委托从事建设工程造价咨询活动的当事人以及取得该当事人资格的合法继承人。

21. 招标代理人

取得工程招标代理资质等级证书，接受委托从事建设工程招标代理活动的当事人以及取得该当事人资格的合法继承人。

22. 造价工程师

取得《造价工程师注册证书》，在一个单位注册从事建设工程造价活动的专业人员。

23. 造价员

取得《全国建设工程造价员资格证书》，在一个单位注册从事建设工程造价活动的专业人员。

24. 招标控制价

招标人根据国家或省级、行业建设主管部门颁发的有关计价依据和办法，以及拟定的招标文件和招标工程量清单，编制的招标工程的最高限价。

25. 投标价

投标人投标时报出的工程合同价。

26. 签约合同价

发、承包双方在施工合同中约定的，包括了暂列金额、暂估价、计日工的合同总金额。

27. 竣工结算价（合同价格）

发、承包双方依据国家有关法律、法规和标准规定，按照合同约定确定的，包括在履行合同过程中按合同约定进行的工程变更、索赔和价款调整，是承包人按合同约定完成了全部承包工作后，发包人应付给承包人的合同总金额。

2.1.2　工程量清单的编制

2.1.2.1　编制概述

1. 《计价规范》对工程量清单编制的一般规定

（1）招标工程量清单应由具有编制能力的招标人或受其委托，具有相应资质的工程造价咨询人或招标代理人编制。

（2）招标工程量清单必须作为招标文件的组成部分，其准确性和完整性由招标人负责。

（3）招标工程量清单是工程量清单计价的基础，应作为编制招标控制价、投标报价、计算工程量、工程索赔等的依据之一。

（4）工程量清单应由分部分项工程量清单、措施项目清单、其他项目清单、规费项目清单、税金项目清单组成。

2. 招标工程量清单的组成

招标工程量清单作为招标文件的组成部分，最基本的功能是信息载体，使得投标人能对工程有全面的认识。依据《计价规范》，招标工程量清单主要包括工程量清单说明和工程量清单表，如图 2.1.1 所示。

（1）工程量清单说明包括工程概况、现场条件、编制工程量清单的依据及有关资料，对施工工艺、材料应用的特殊要求。

图 2.1.1　工程量清单的组成

（2）工程量清单是清单项目的工程数量的载体，合理的清单项目设置和准确的工程数量，是清单计价的前提和基础。

3. 招标工程量清单的作用

（1）招标工程量清单为投标人的投标竞争提供了一个平等和共同的基础。

招标工程量清单是由招标人负责编制，将要求投标人完成的工程项目及相应工程实体数量全部列出，为投标人提供拟建工程的基础信息。这样，在建设工程的招标投标中，投标人的竞争活动就有了一个共同的基础，其机会是均等的。

（2）招标工程量清单是建设工程计价的依据。

在招标投标过程中，招标人根据招标工程量清单编制招标工程的招标控制价；投标人按照招标工程量清单所描述的内容，依据企业定额计算投标价格，自主填报工程量清单所列项目的单价与合价。

（3）招标工程量清单是工程付款和结算的依据。

招标工程量清单是工程量清单计价的基础。在施工阶段，发包人根据承包人完成的工程量清单中规定的内容及合同单价支付工程款。工程结算时，承发包双方按照工程量清单计价表对已实施的分部分项工程或计价项目，按照合同单价和相关合同条款核算结算价款。

（4）招标工程量清单是调整工程价款、处理工程索赔的依据。

在发生工程变更和工程索赔时，可以选用或参照招标工程量清单中的分部分项工程计价及合同单价来确定变更价款和索赔费用。

4. 编制工程量清单的依据

（1）《计价规范》和《计量规范》。

（2）国家或省级、行业建设主管部门颁发的计价依据和办法。

（3）建设工程设计文件。

（4）与建设工程有关的标准、规范、技术资料。

（5）拟定的招标文件。

（6）施工现场情况、工程特点及常规施工方案。

（7）其他相关资料。

2.1.2.2 分部分项工程量清单的编制

1. 分部分项工程项目清单

分部分项工程项目清单是指构成拟建工程实体的全部分项实体项目名称和相应数量的明细清单。

2. 分部分项工程项目清单的内容

《计价规范》规定：分部分项工程量清单应载明项目编码、项目名称、项目特征、计量单位和工程量。这是一条强制性条文，规定了一个分部分项工程项目清单必须由上述五个要件构成，在分部分项工程项目清单的组成中缺一不可。分部分项工程量清单表见表2.1.1。

表 2.1.1 分部分项工程项目清单表

序号	项目编码	项目名称	项目特征	计量单位	工程量

（1）项目编码。分部分项工程量清单的项目编码以5位及12位阿拉伯数字设置，1～9位应按《计量规范》附录的相关专业规定设置，10～12位应根据拟建工程的工程量清单项目名称设置，同一招标工程的项目编码不得有重码。

第一级（第1、2位）为专业工程代码，共9类，分别是：01为房屋建筑与装饰工程，02为仿古建筑工程，03为通用安装工程，04为市政工程，05为园林绿化工程，06为矿山工程，07为构筑物工程，08为城市轨道交通工程，09为爆破工程。

第二级（第3、4位）为专业工程附录分类顺序码，例如0105表示房屋建筑与装饰工程中附录E混凝土及钢筋混凝土工程，其中第3、4位05即为专业工程附录分类顺序码。

第三级（第5、6位）为分部工程顺序码，例如010501表示附录E混凝土及钢筋混凝土工程中E.1现浇混凝土基础，其中第5、6位01即为分部工程顺序码。

第四级（第7～9位）为分项工程项目名称顺序码，例如010501002表示房屋建筑与装饰工程中现浇混凝土带形基础，其中第7、8、9位002即为分项工程项目名称顺序码。

第五级（第10～12位）为清单项目名称顺序码，由清单编制人编制，从001开始。例如：一个标段（或合同段）的工程量清单中含有三种规格的泥浆护壁成孔灌注桩，在工程量清单中分别列项编制，则第一种规格的灌注桩的项目编码为010302001001，第二种规格的灌注桩的项目编码为010302001002，第三种规格的灌注桩的项目编码为010302001003。其中，01表示该清单项目的专业工程类别为房屋建筑与装饰工程；03表示该清单项目的专业工程附录顺序码为C，即桩基工程；02表示该清单项目的分部工程为灌注桩；001表示该清单项目的分项工程为泥浆护壁成孔灌注桩，最后三位001（002、003）表示区分泥浆护壁成孔灌注桩的不同规格而编制的清单项目顺序码。项目编码结构如图2.1.2所示。

（2）项目名称。清单项目名称是工程量清单中表示各分部分项工程清单项目的名称。它必须体现工程实体，反映工程项目的具体特征，设置时一个最基本的原则是准确。

《计量规范》附录A至附录R中的"项目名称"为分项工程项目名称，是以"工程实

图 2.1.2　工程量清单编码示意图

体"命名的。在编制分部分项工程量清单时，清单项目名称的确定有两种方式，一是完全按照《计量规范》的项目名称不变；二是以《计量规范》附录中的项目名称为基础，考虑项目的规格、材质、型号等特征，结合拟建工程的实际情况，对附录中的项目名称进行适当的调整或细化，使其能够反映影响工程造价的主要因素。

（3）项目特征。清单项目特征是确定一个清单项目综合单价不可缺少的重要依据，在编制分部分项工程工程量清单时，必须对项目特征进行准确、全面的描述。但有些项目特征用文字往往又难以准确和全面地描述清楚。因此，为了达到规范、简捷、准确、全面描述项目特征的要求，项目特征应按《计量规范》规定，结合拟建工程项目的实际予以描述。

清单项目特征不同的项目应分别列项。清单项目特征主要设计项目的自身特征（材质、型号、规格、品牌），项目的工艺特征，以及对项目施工方法可能产生影响的特征。在项目特征描述时，可掌握以下要点。

1）必须描述的内容。

a. 涉及正确计量的内容必须描述。如门窗工程，《计价规范》规定既可以按"m²"计量（新增），也可以按"樘"计量。1 樘门或窗有多大，直接关系到门窗的价格，对门窗洞口或框外围尺寸进行描述就十分必要。

b. 涉及结构要求的内容必须描述。如混凝土构件的混凝土强度等级，是使用 C20 还是 C30 或 C40 等，因混凝土强度等级不同，其价格也不同，必须描述。

c. 涉及材质要求的内容必须描述。如油漆的品种：是调和漆，还是硝基清漆等；管材的材质：是碳钢管，还是塑钢管、不锈钢管等；还需对管材的规格、型号进行描述。

d. 涉及安装方式的内容必须描述。如管道工程中的钢管的连接方式是螺纹连接还是焊接，塑料管是粘接连接还是热熔连接等。

2）可不描述的内容。

a. 对计量计价没有实质影响的内容可以不描述。如对现浇混凝土柱的高度、断面大小等的特征规定可以不描述。

b. 应由投标人根据施工方案确定的可以不描述。如对石方的预裂爆破的单孔深度及装药量的特征规定。

c. 应由投标人根据当地材料和施工要求确定的可以不描述。如对混凝土构件中的混凝土拌合料使用的石子种类及粒径、砂的种类及特征规定可以不描述。

d. 应由施工措施解决的可以不描述。如对现浇混凝土板、梁的标高的特征规定可以不描述。

3）可不详细描述的内容。

a. 无法准确描述的可不详细描述。如土壤类别，可考虑将土壤类别描述为综合，注明由投标人根据地勘资料自行确定土壤类别再决定报价。

b. 施工图纸、标准图集标注明确，可不再详细描述。对这些项目可描述为见××图集××页号及节点大样等。这样，便于发承包双方形成一致的理解，省时省力。

c. 还有一些项目可不详细描述。如土石方工程中的取土运距、弃土运距，清单编制人决定运距是困难的，应由投标人根据工程实际情况自主决定运距，体现竞争要求。

总之，清单项目特征的描述应根据附录中有关项目特征的要求，结合技术规范、标准图集、施工图纸，按照工程结构、使用材质及规格等，予以详细而准确的表述和说明。

（4）计量单位。清单项目的计量单位应按附录中规定的计量单位确定。当附录中有两个或两个以上计量单位的，应结合拟建工程项目的实际情况，选择最适宜表述项目特征并方便计量的其中一个为计量单位。同一工程项目的计量单位应一致。

计量单位应采用基本单位，除各专业另有特殊规定外均按以下单位计量。

1）以重量计算的项目——吨或千克（t 或 kg）。

2）以体积计算的项目——立方米（m³）。

3）以面积计算的项目——平方米（m²）。

4）以长度计算的项目——米（m）。

5）以自然计量单位计算的项目——个、套、块、樘、组、台……

6）没有具体数量的项目——宗、项……

其中：以"t"为计量单位的，应保留小数点后三位数字，第四位四舍五入；以"m、m²、m³、kg"为计量单位的，应保留小数点后两位数字，第三位四舍五入；以"个、件、根、组、系统"等为计量单位的，应取整数。

（5）工程量计算规则。《计价规范》规定，工程量应按附录中规定的工程量计算规则计算。除此之外，尚应依据以下文件：①经审定的施工设计图纸及其说明；②经审定的施工组织设计或施工技术措施方案；③经审定的其他有关技术经济文件。

工程量计算规则是指对清单项目工程量的计算规定。工程量清单中所列项目的工程量应按《计量规范》附录中规定的工程量计算规则计算。除另有说明外，所有清单项目的工程量以实体工程量为准，并以完成后的净值来计算。因此，在计算综合单价时应考虑施工中的各种损耗和需要增加的工程量，或在措施费清单中列入相应的措施费用。

3. 附录未包括项目的处理

编制工程量清单出现附录中未包括的项目，编制人应作补充，并报省级或行业工程造价管理机构备案，省级或行业工程造价管理机构应汇总报住房和城乡建设部标准定额研究所。

补充项目的编码由相关专业工程量计算规范的代码（如房屋建筑与装饰工程代码01）与 B 和三位阿拉伯数字组成，并应从××B001（如房屋建筑与装饰工程补充项目编码应为 01B001）起顺序编制，同一招标工程的项目不得重码。

补充的工程量清单中需附有补充项目的名称、项目特征、计量单位、工程量计算规则、工程内容。

4. 编制分部分项工程量清单的注意事项

（1）分部分项工程量清单是不可调整清单（即闭口清单），投标人不得对招标文件中所列分部分项工程量清单进行调整。

（2）分部分项工程量清单是工程量清单的核心，一定要准确编制，它关乎招标人编制招标控制价和投标人投标报价的准确性；如果分部分项工程量清单编制有误，投标人可在投标报价文件中提出说明，但不能在报价中自行修改。

（3）关于现浇混凝土项目，《计量规范》对现浇混凝土模板采用了两种方式进行编制：①"工作内容"中包括了模板工程的内容，以 m³ 计量，与混凝土工程项目一起组成综合单价；②措施项目中单列了现浇混凝土模板工程项目，以 m² 计量，单独组成综合单价。对此，有以下三层含义。

1）招标人应根据工程的实际情况在同一个标段（或合同段）中在两种方式中选择其一。

2）招标人若采用单列现浇混凝土模板工程，必须按《计量规范》所规定的计量单位、项目编码、项目特征描述列出清单，同时，现浇混凝土项目中不含模板的工程费用。

3）若招标人在措施项目清单中未编列现浇混凝土模板项目清单，即表示现浇混凝土模板项目不单列，现浇混凝土项目的综合单价中应包括模板工程费用。

（4）对于预制混凝土构件，《计量规范》是以现场制作编制项目的，"工作内容"中包含模板工程，模板的措施费用不再单列，若采用成品预制混凝土构件时，成品价（包括模板、混凝土等所有费用）计入综合单价中，即成品的出厂价格及运杂费等计入综合单价。

综上所述，预制混凝土构件，《计量规范》只列不同构件名称的一个项目编码、项目特征描述、计量单位、工程量计算规则及工作内容，其中已综合了模板制作和安装、混凝土制作、构件运输、安装等内容，布置清单项目时，不得将模板、混凝土、构件运输、安装分开列项，组成综合单价时应包含如上内容。

（5）对于金属构件，《计量规范》按照目前市场多以工厂成品化生产的实际，是以成品编制项目的，构件成品价应计入综合单价中。若采用现场制作，包括制作的所有费用应计入综合单价，不得再单列金属构件制作的清单项目。

（6）关于门窗工程中的门窗（橱窗除外），《计量规范》结合了目前"市场门窗均以工厂化成品生产"的情况，是按成品编制项目的，成品价（成品原价、运杂费等）应计入综合单价。若采用现场制作，包括制作的所有费用应计入综合单价，不得再单列门窗制作的清单项目。

2.1.2.3 措施项目清单的编制

1. 措施项目的类型

措施项目包括两类：一类是单价项目，即能列出项目编码、项目名称、项目特征、计量单位、工程量计算规则的项目；另一类是总价项目，即仅能列出项目编码、项目名称，不能列出项目特征、计量单位和工程量计算规则的项目。

各专业工程的措施项目可依据附录中规定的项目选择列项。房屋建筑与装饰工程专业措施项目一览表见表 2.1.2，安全文明施工及其他措施项目一览表见表 2.1.3，可依据批准的工程项目施工组织设计（或施工方案）选择列项。

表 2.1.2　房屋建筑与装饰工程专业措施项目一览表

序号	项目编码	项目名称
1	011701	脚手架工程
2	011702	混凝土模板及支架（撑）
3	011703	垂直运输
4	011704	超高施工增加
5	011705	大型机械设备进出场及安拆
6	011706	施工排水、降水
7	011707	安全文明施工及其他措施项目

表 2.1.3　安全文明施工及其他措施项目一览表

序号	项目编码	项目名称
1	011707001	安全文明施工
2	011707002	夜间施工
3	011707003	非夜间施工照明
4	011707004	二次搬运
5	011707005	冬雨季施工
6	011707006	地上、地下设施、建筑物的临时保护设施
7	011707007	已完工程及设备保护

2. 措施项目清单的编制

（1）对于能列出项目编码、项目名称、项目特征、计量单位、工程量计算规则的措施单价项目，编制工程量清单时，应执行相应专业《计量规范》分部分项工程的规定，按照分部分项工程量清单的方式编制，见表 2.1.4。

表 2.1.4　措施项目清单（一）

序号	项目编码	项目名称	项目特征	计量单位	工程量

（2）对于仅能列出项目编码、项目名称，不能列出项目特征、计量单位和工程量计算规则的措施总价项目，编制工程量清单时，应执行相应专业《计量规范》相应附录措施项目规定的项目编码、项目名称确定。对于房屋建筑与装饰工程而言，应按照《计算规范》附录 S 措施项目规定的项目编码、项目名称确定，见表 2.1.5。

表 2.1.5　措施项目清单（二）

序号	项目编码	项目名称

由于影响措施项目设置得因素比较多，《计量规范》不可能将施工中可能出现的措施项目一一列出。在编制措施项目清单时，因工程情况不同，出现《计量规范》中未列的措施项目，可根据工程的具体情况对措施项目清单做补充，且补充项目的有关规定及编码的设置同分部分项工程的规定。不能计量的措施项目，需附有补充项目的名称、工作内容及包含范围。

3. 编制措施项目清单时应考虑的因素

措施项目清单的编制应考虑多种因素，除工程本身的因素外，还涉及水文、气象、环境、安全和承包商的实际情况等。措施项目清单的设置，需要考虑以下几个方面：

（1）参考拟建工程的常规施工组织设计，以确定环境保护、安全文明施工、临时设施、材料的二次搬运等项目。

（2）参考拟建工程的常规施工技术方案，以确定大型机械设备进出场及安拆、混凝土模板及支架、脚手架、施工排水、施工降水、垂直运输机械、组装平台等项目。

（3）参阅相关的施工规范与工程验收规范，以确定施工方案没有表述的但为实现施工规范与工程验收规范要求而必须发生的技术措施。

（4）确定设计文件中不足以写进施工方案，但要通过一定的技术措施才能实现的内容。

（5）确定招标文件中提出的某些需要通过一定的技术措施才能实现的要求。

4. 编制措施项目清单的注意事项

（1）措施项目清单是可调整清单（即开口清单），投标人对招标文件中所列措施项目，可根据企业自身特点和工程实际情况做适当的变更增加。

（2）投标人要对拟建工程可能发生的措施项目和措施费用作通盘考虑，清单计价一经报出，即被认为包括了所有应发生的措施项目的全部费用。如果报出的清单中没有列项，且施工中又必须发生的项目，业主有权认为已经综合在分部分项工程量清单的综合单价中，将来措施项目发生时投标人不得以任何借口提出索赔与调整。

2.1.2.4　其他项目清单的编制

1. 其他项目清单

根据《计价规范》的规定，其他项目清单应按照下列内容列项。

（1）暂列金额。

（2）暂估价，包括材料暂估单价、工程设备暂估单价、专业工程暂估价。

（3）计日工。

（4）总承包服务费。

若工程项目存在以上未列的项目，应根据工程实际情况补充。

2. 其他项目清单的编制

（1）暂列金额。

1）暂列金额的相关规定。

a. 暂列金额是在招投标阶段暂且列定的一项费用，它在项目实施过程中有可能发生、也有可能不发生。

b. 暂列金额为招标人所有，只有按照合同约定程序实际发生后，才能成为中标人应得金额，纳入合同结算价款中。扣除实际发生金额后的暂列金额余额属于招标人所有。

c. 设立暂列金额并不能保证合同结算价格就不会出现超过已签约合同价的情况，是否超出已签约合同价完全取决于对暂列金额预测的准确性，以及工程建设过程中是否出现了其他事先未预测到的事件。

2）暂列金额的编制。为保证工程施工建设的顺利实施，应针对施工过程中可能出现的各种不确定因素对工程造价的影响，在招标控制价中估算一笔暂列金额。

暂列金额可根据工程的复杂程度、设计深度、工程环境条件（包括地质、水文、气候条件等）进行估算，一般可按分项工程费和措施费的 10%～15%作为参考。

暂列金额应根据表 2.1.6 编制。暂列金额表应由招标人填写，不能详列时可只列暂定金额总额，投标人应将上述暂列金额计入投标总价中。

表 2.1.6   暂 列 金 额 明 细 表

序号	项目名称	计量单位	暂定金额/元	备注
合　计				

（2）暂估价。

1）暂估价的相关规定。

a. 暂估价是在招投标阶段直至签订合同协议时，招标人在招标文件中提供的用于支付必然要发生但暂时不能确定价格的材料，以及需另行发包的专业工程金额。暂估价类似于 FIDIC 合同条款中的 Prime Cost Items，在招标阶段预见肯定要发生，只是因为标准不明确或需要专业承包人完成，暂时无法确定其价格或金额。

b. 为方便合同管理和计价，需要纳入工程量清单项目综合单价中的暂估价最好只是材料费，以方便投标人组价。对于专业工程暂估价一般应是综合暂估价，包括规费、税金以外的管理费、利润等。

2）暂估价的编制。暂估价包括材料暂估单价、工程设备暂估单价、专业工程暂估价；其中材料暂估单价、工程设备暂估单价应根据工程造价信息或参照市场价格估算，列出明细表，可依据表 2.1.7 编制；专业工程暂估价应分不同专业，按有关计价规定估算列出明细表，可依据表 2.1.8 编制。

表 2.1.7   材料（工程设备）暂估单价明细表

序号	材料（设备）名称、规格、型号	计量单位	数量	损耗率	暂估单价	合计/元	备注

表 2.1.8   专业工程暂估价明细表

序号	工程名称	工程内容	暂估金额/元	结算金额/元	合计/元	备注
合　计						

材料（工程设备）暂估单价表由招标人填写"暂估单价"，并在备注栏说明暂估价的材料、工程设备拟用在哪些清单项目上，投标人应将上述材料、工程设备暂估单价计入工程量清单综合单价报价中。

专业工程暂估价表由招标人填写"暂估金额"，投标人应将上述专业工程暂估金额计入投标总价中，结算时按合同约定结算金额填写。

（3）计日工。

1）计日工的相关规定。

a. 计日工是为了解决现场发生的零星工作的计价而设立的。计日工适用的零星工作一般指合同约定之外的或者因变更而产生的、工程量清单中没有相应项目的额外工作，尤其是那些时间不允许事先商定价格的额外工作。计日工为额外工作和变更的计价提供了一个方便快捷的途径。

b. 计日工以完成零星工作所消耗的人工工时、材料数量、机械台班进行计量，并按照计日工表中填报的适用项目的单价进行计价支付。

c. 编制工程量清单时，计日工表中的人工应按工种，材料和机械应按规格、型号详细列项。其中人工、材料、机械数量，应有招标人根据工程的复杂程度、工程设计质量的优劣及设计深度等因素，按照经验来估算一个比较贴近实际的数量，并作为暂定量写到计日工表中，纳入有效投标竞争，以期获得合理的计日工单价。

2）计日工的编制。计日工应列出项目名称，计量单位和暂估数量，见表2.1.9。

表 2.1.9　　　　　　　　　　　　　　计　日　工　表

编号	项目名称	单位	暂定数量	实际数量	综合单价/元	备注	
						暂定	实际
一	人工						
1							
2							
人工小计							
二	材料						
1							
2							
材料小计							
三	施工机械						
1							
2							
施工机械小计							
四、企业管理费和利润							
总　计							

计日工表中的项目名称、暂定数量由招标人填写，编制招标控制价时，单价由招标人按有关计价规定确定；投标时，单价由投标人自主报价，按暂定数量计算合价计入投标总

价中。结算时，按发承包双方确认的实际数量计算合价。

（4）总承包服务费。

1）总承包服务费的相关规定。

a. 只有当工程采用总承包模式时，才会发生总承包服务费。

b. 招标人应当预计该项费用并按投标人的投标报价向投标人支付该项费用。

2）总承包服务费的编制。

总承包服务费应列出服务项目及其内容等，见表2.1.10。

表 2.1.10　　　　　　　　　　总承包服务费计价表

序号	项目名称	项目价值/元	服务内容	计算基础	费率/%	金额/元
1	发包人发包专业工程					
2	发包人提供材料					
3						
	合计					

总承包服务费计价表中，项目名称、服务内容由招标人填写，编制招标控制价时，费率及金额由招标人按有关计价规定确定；投标时，费率及金额由投标人自主报价，计入投标总价中。

3. 编制其他项目清单的注意事项

（1）其他项目清单中由招标人填写的项目名称、数量、金额，投标人不得随意改动。

（2）投标人必须对招标人提出的项目与数量进行报价；如果不报价，招标人有权认为投标人就未报价内容提供无偿服务。

（3）如果投标人认为招标人编制的其他项目清单列项不全时，可以根据工程实际情况自行增加列项，并确定本项目的工程量及计价。

2.1.2.5　规费、税金清单的编制

1. 规费项目清单的编制

根据《计价规范》的规定，规费项目清单应按照下列内容列项。

（1）社会保险费，包括养老保险费、失业保险费、医疗保险费、工伤保险费、生育保险费。

（2）住房公积金。

（3）工程排污费。

若工程项目存在未列的项目，应根据省级政府或省级有关部门的规定列项。

2. 税金项目清单的编制

根据《计价规范》及《财政部　国家税务总局关于全面推开营业税改增值税试点的通知》（财税〔2016〕36号）的规定，税金项目清单应按照增值税列项。

若工程项目存在未列的项目，应根据税务部门的规定列项。当国家税法发生变化或地方政府及税务部门依据职权对税种进行调整时，应对税金项目清单进行相应调整。

任务 2.2 土方工程工程量清单编制

【学习目标】

（1）了解《计量规范》（GB 50854—2013）中土方工程的有关说明。

（2）掌握土方工程工程量计算规则及分部分项工程量清单的编制。

【相关知识】

2.2.1 土方工程清单规范有关说明

（1）挖土方平均厚度应按自然地面测量标高至设计地坪标高间的平均厚度确定。基础土方开挖深度应按基础垫层底表面标高至交付施工场地标高确定，无交付施工场地时，按自然地面标高确定。

（2）建筑物场地厚度≤±300mm 的挖、填、运、找平，应按《计量规范》中平整场地项目编码列项。厚度＞±300mm 的竖向布置挖土或山坡切土应按《计量规范》中挖一般土方项目编码列项。

（3）沟槽、基坑、一般土方的划分为：底宽≤7m，底长＞3 倍底宽为沟槽；底长≤3 倍底宽、底面积≤150m² 为基坑；超出上述范围则为一般土方。

（4）挖土方如需截桩头时，应按桩基工程相关项目编码列项。

（5）弃、取土运距可以不描述，但应注明由投标人根据施工现场实际情况自行考虑，决定报价。

（6）土壤的分类应按表 2.2.1 确定，如土壤类别不能准确划分时，招标人可注明为综合，由投标人根据地勘报告决定报价。

表 2.2.1　　　　　　　　　　　　土 壤 分 类 表

土壤分类	土 壤 名 称	开 挖 方 法
一、二类土	粉土、砂土（粉砂、细砂、中砂、粗砂、砾砂）、粉质黏土、弱中盐渍土、软土（淤泥质土、泥炭、泥炭质土）、软塑红黏土、冲填土	用锹、少许用镐、条锄开挖。机械能全部直接铲挖满载者
三类土	黏土、碎石土（圆砾、角砾）混合土、可塑红黏土、硬塑红黏土、强盐渍土、素填土、压实填土	主要用镐、条锄开挖，少许用锹开挖。机械需部分刨松方能铲挖满载者或可直接铲挖但不能满载者
四类土	碎石土（卵石、碎石、漂石、块石）、坚硬红黏土、超盐渍土、杂填土	全部用镐、条锄挖掘、少许用撬棍挖掘。机械须普遍刨松方能铲挖满载者

（7）土方体积均以挖掘前的天然密实体积计算。非天然密实土方应按表 2.2.2 折算。

（8）挖沟槽、基坑、一般土方因工作面和放坡增加的工程量，是否并入各土方工程量中，按各省、自治区、直辖市或行业建设主管部门的规定实施，如并入各土方工程量中，办理工程结算时，按经发包人认可的施工组织设计规定计算，编制工程量清单时，可按表2.2.3、表 2.2.4 的规定计算。

表 2.2.2　　　　　　　　　　　　土 方 体 积 折 算 表

虚方体积	天然密实体积	夯实后体积	松填体积
1.00	0.77	0.67	0.83
1.30	1.00	0.87	1.08
1.50	1.15	1.00	1.25
1.20	0.92	0.80	1.00

表 2.2.3　　　　　　　　　　　　放 坡 系 数 表

土壤类别	放坡起点/m	人工挖土方	机械挖土		
			在坑内作业	在坑上作业	顺沟槽在坑上作业
一、二类土	1.20	1:0.5	1:0.33	1:0.75	1:0.5
三类土	1.50	1:0.33	1:0.25	1:0.67	1:0.33
四类土	2.00	1:0.25	1:0.10	1:0.33	1:0.25

注　1. 沟槽、基坑中土壤类别不同时，分别按其放坡起点、放坡系数、依不同土壤厚度加权平均计算。
　　　2. 计算放坡时，在交接处重复工程量不予扣除，原槽、坑作基础垫层时，放坡自垫层上表面开始计算。

表 2.2.4　　　　　　　　　　基础施工所需工作面计算表

基础材料	每边各增加工作面宽度	基础材料	每边各增加工作面宽度
砖基础	200mm	混凝土基础支模板	300mm
浆砌毛石、条石基础	150mm	基础垂直面做防水层	1000mm（防水层面）
混凝土基础垫层支模板	300mm		

1）放坡。人工挖沟槽、基坑，如果土层深度较深，土质较差，为了防止坍塌和保证安全，需要将沟槽或基坑边壁修成一定的倾斜坡度，称为放坡。沟槽边坡坡度以挖沟槽或基坑的深度 H 与边坡底宽 B 之比表示，如图 2.2.1 所示，即

$$土方边坡坡度 = H/B = 1/K \qquad\qquad (2.2.1)$$

$$K = B/H$$

式中　K——坡度系数。

2）工作面。根据基础施工的需要，挖土时按基础垫层的双向尺寸向周边放出一定范围的操作面积，作为工人施工时的操作空间，这个单边放出的宽度，就称为工作面。其决定因素是基础材料，见表 2.2.4。

（9）挖方出现流砂、淤泥时，应根据实际情况由发包人与承包人现场签证确认工程量。

图 2.2.1　放坡系数计算示意图

（10）管沟土方项目适用于管道（给排水、工业、电力、通信）、光（电）缆沟（包括人孔桩、接口坑）及连接井（检查井）等。

2.2.2　土方工程清单项目及计量规则

土方工程工程量清单项目设置及工程量计算规则，应按表 2.2.5 和表 2.2.6 的规定执行。

表 2.2.5　　　　　　　　　　土方工程（编码：010101）

项目编码	项目名称	项目特征	计量单位	工程量计算规则	工程内容
010101001	平整场地	1. 土壤类别 2. 弃土运距 3. 取土运距	m²	按设计图示尺寸以建筑物首层面积计算	1. 土方挖填 2. 场地找平 3. 运输
010101002	挖一般土方	1. 土壤类别 2. 挖土平均厚度 3. 弃土运距	m³	按设计图示尺寸以体积计算	1. 排地表水 2. 土方开挖 3. 围护（挡土板）及拆除 4. 基底钎探 5. 运输
010101003	挖沟槽土方			按设计图示尺寸以基础垫层底面积乘以挖土深度计算	
010101004	挖基坑土方				
010101005	冻土开挖	1. 冻土厚度 2. 弃土运距		按设计图示尺寸开挖面积乘厚度以体积计算	1. 爆破 2. 开挖 3. 清理 4. 运输
010101006	挖淤泥、流砂	1. 挖掘深度 2. 弃淤泥、流砂距离		按设计图示位置、界限以体积计算	1. 开挖 2. 运输
010101007	管沟土方	1. 土壤类别 2. 管外径 3. 挖沟深度 4. 回填要求	1. m 2. m³	1. 以米计量，按设计图示以管道中心线长度计算 2. 以立方米计量，按设计图示管底垫层面积乘以挖土深度计算；无管底垫层按管外径的水平投影面积乘以挖土深度计算。不扣除各类井的长度，井的土方并入	1. 排地表水 2. 土方开挖 3. 围护（挡土板）、支撑 4. 运输 5. 回填
010103001	回填方	1. 密实度要求 2. 填方材料品种 3. 填方粒径要求 4. 填方来源、运距	m³	按设计图示尺寸以体积计算。 1. 场地回填：回填面积乘平均回填厚度 2. 室内回填：主墙间面积乘回填厚度 3. 基础回填：挖方体积减去设计室外地坪以下埋设的基础体积（包括基础垫层及其他构筑物）	1. 装卸、运输 2. 回填 3. 分层碾压、夯实

2.2.2.1　平整场地

平整场地项目适用于建筑场地厚度在±300mm 以内的挖土、填土、运土以及找平，如图 2.2.2 所示。

其清单工程量计算规则为：**按设计图示尺寸以建筑物首层面积计算**。其计算公式为

$$S_{平整场地} = S_{建筑物首层面积} \qquad\qquad (2.2.2)$$

表 2.2.6 回填（编码：010103）

项目编码	项目名称	项目特征	计量单位	工程量计算规则	工程内容
010103001	回填方	1. 密实度要求 2. 填方材料品种 3. 填方粒径要求 4. 填方来源、运距	m³	按设计图示尺寸以体积计算。 1. 场地回填：回填面积乘以平均回填厚度 2. 室内回填：主墙间面积乘以回填厚度 3. 基础回填：挖方体积减去设计室外地坪以下埋设的基础体积（包括基础垫层及其他构筑物）	1. 装卸、运输 2. 回填 3. 分层碾压、夯实

图 2.2.2 平整场地范围示意图

2.2.2.2 挖沟槽、基坑土方

沟槽、基坑的工作内容包括排地表水、土方开挖、围护（挡土板）及拆除、基底钎探、运输。

其清单工程量计算规则为：按设计图示尺寸以基础垫层底面积乘以挖土深度计算。其计算公式为

$$V = 基础垫层长 \times 基础垫层宽 \times 挖土深度 \tag{2.2.3}$$

当基础为带形基础时，外墙基础垫层按外墙中心线长计算，内墙基础垫层按内墙下垫层之间的净长计算。挖土深度应按基础垫层底表面标高至交付施工场地标高的高度确定，无交付施工场地标高时，应按自然地面标高确定。

2.2.2.3 回填方

回填方项目适用于场地回填、室内回填和基础回填，并包括指定范围内的运输以及借土回填的土方开挖。

其清单工程量计算规则为：按设计图示尺寸以体积计算。具体分为三种。

1. 场地回填

按回填面积乘平均回填厚度以体积计算。

$$V = 回填面积 \times 平均回填厚度 \tag{2.2.4}$$

2. 室内回填

室内回填是指室内地坪以下，由室外设计地坪标高填至地坪垫层底标高的夯填土。按主墙间面积乘回填厚度以体积计算。

$$V = 主墙间净面积 \times 回填厚度 \tag{2.2.5}$$

其中　　　　主墙间净面积＝底层建筑面积－内、外墙体所占水平平面的面积

回填厚度＝设计室内外地坪高差－地面面层和垫层的厚度

3. 基础回填

基础回填是指在基础施工完毕以后，将槽、坑四周未做基础的部分回填至室外设计地坪标高。挖方体积减去设计室外地坪以下埋设的基础体积（包括基础垫层及其他构筑物）。

$$V＝挖土体积－设计室外地坪以下埋设物的体积（包括基础垫层及其他构筑物）$$

$$(2.2.6)$$

【典型例题】

【例 2.2.1】　　某单位传达室基础平面图和剖面图如图 2.2.3 所示。根据地质勘探报告，土壤类别为三类，无地下水。该工程设计室外地坪标高为－0.300m，室内地坪标高为±0.000m，其他相关尺寸如图 2.2.3 所示，计算挖沟槽土方及回填方清单工程量。

图 2.2.3　基础平面图和剖面图

解：（1）清单工程量计算。

基槽长度：（4＋4＋6＋6）×2＋（8－1.2）＋（6－1.2）＝51.6（m）

基槽深度：1.9－0.3＝1.6（m）

挖沟槽土方体积：51.6×1.6×1.2＝99.07（m³）

垫层体积：51.6×1.2×0.2＝12.38（m³）

砌筑工程体积：

高度：1.34－0.3＋0.36＋0.525＝1.925（m）

长度：（12＋8）×2＋（8－0.24）＋（6－0.24）＝53.52（m）

体积：1.925×53.52×0.24＝24.73（m³）

回填土工程量：99.07－12.38－24.73＝61.96（m³）

（2）工程量清单编制。

分部分项工程量清单（一）见表 2.2.7。

表 2.2.7　　　　　　　　　　分部分项工程量清单（一）

序号	项目编码	项目名称	项目特征	计量单位	工程量
1	010101003001	挖沟槽土方	1. 土壤类别：三类土 2. 挖土深度：1.60m 3. 弃土运距：20m	m³	99.07
2	010103001001	基础回填土	1. 土壤类别：三类土 2. 弃土运距：20m	m³	61.96

【例 2.2.2】　　某建筑物为三类工程，地下室如图 2.2.4 所示，墙外做涂料防水层，施工组织设计确定用反铲挖掘机挖土，土壤类别为三类土，机械挖土坑内作业，土方外运 1km，填土堆放在距场地 150m 处，计算挖基坑土方及回填方清单工程量。

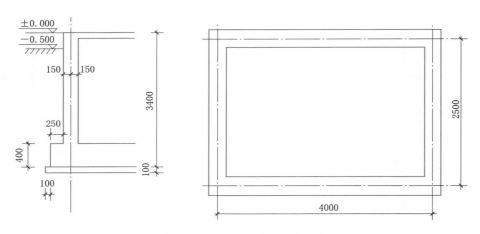

图 2.2.4　基础平面图和剖面图

解：（1）清单工程量计算。

挖土深度：3.50－0.5＝3.00（m）

垫层面积：

[4.0＋(0.15＋0.25＋0.1)×2]×[2.5＋(0.15＋0.25＋0.1)×2]＝17.50（m²）

挖基础土方体积：3.0×17.5＝52.50（m³）

回填土挖土方体积：

垫层工程量：5.0×3.5×0.1＝1.75（m³）

底板工程量：4.8×3.3×0.4＝6.34（m³）

地下室所占空间工程量：4.3×2.8×2.5＝30.10（m³）

回填土工程量：52.50－1.75－6.34－30.10＝14.31（m³）

（2）工程量清单编制。

分部分项工程量清单（二）见表 2.2.8。

表 2.2.8　　　　　　　　　　　　　　分部分项工程量清单（二）

序号	项目编码	项目名称	项目特征	计量单位	工程量
1	010101002001	挖一般土方	1. 土壤类别：三类土 2. 挖土深度：3.00m 3. 弃土运距：1km	m³	52.50
2	010103001001	基础回填土	1. 土壤类别：三类土 2. 弃土运距：150m	m³	14.31

【自测训练】

1. 某工程基础平面图和剖面图如图 2.2.5 所示，试计算平整场地、挖基础土方及回填方清单工程量。已知土壤为一般土、混凝土垫层体积 14.68m³，砖基础体积 29.95m³，地面垫层、面层厚度共 85mm。

图 2.2.5　基础平面图和剖面图

2. 某接待室工程，基础剖面图及平面图如图 2.2.6 所示，土壤类别为三类土，无地下水，取土距离 3km，弃土距离 5km，设计室外地坪 -0.300m，室内地面做法为：

80mm 厚混凝土垫层，400mm×400mm×5mm 浅色地砖，20mm 厚的水泥砂浆防水层。相关尺寸如图 2.2.6 所示，计算场地平整、人工挖土方及回填土清单工程量。

图 2.2.6 基础平面图及剖面图

任务 2.3 砌筑工程工程量清单编制

【学习目标】

（1）了解《计量规范》（GB 50854—2013）中砌筑工程的有关说明。

（2）掌握砌筑工程工程量计算规则及分部分项工程量清单的编制。

【相关知识】

2.3.1 砌筑工程清单规范有关说明

（1）砖基础项目适用于各种类型砖基础：柱基础、墙基础、管道基础等。

（2）基础与墙（柱）身使用同一种材料时，以设计室内地面为界（有地下室者，以地下室室内设计地面为界），以下为基础，以上为墙（柱）身。基础与墙身使用不同材料时，位于设计室内地面高度≤±300mm 时，以不同材料为分界线；高度>±300mm 时，仍以设计室内地面为分界线。

（3）砖围墙以设计室外地坪为界，以下为基础，以上为墙身。

（4）框架外表面的镶贴砖部分，按零星项目编码列项。

（5）附墙烟囱、通风道、垃圾道、应按设计图示尺寸以体积（扣除孔洞所占体积）计算并入所依附的墙体体积内。当设计规定孔洞内需抹灰时，应按《计量规范》附录 L 中零星抹灰项目编码列项。

（6）空斗墙的窗间墙、窗台下、楼板下、梁头下等的实砌部分，按零星砌砖项目编码列项。

（7）空花墙项目适用于各种类型的空花墙，使用混凝土花格砌筑的空花墙，实砌墙体与混凝土花格应分别计算，混凝土花格按混凝土及钢筋混凝土中预制构件相关项目编码列项。

（8）台阶、台阶挡墙、梯带、锅台、炉灶、蹲台、池槽、池槽腿、砖胎模、花台、花池、楼梯栏板、阳台栏板、地垄墙、$\leqslant 0.3m^2$ 的孔洞填塞等，应按零星砌砖项目编码列项。砖砌锅台与炉灶可按外形尺寸以个计算，砖砌台阶可按水平投影面积以平方米计算，小便槽、地垄墙可按长度计算、其他工程按立方米计算。

2.3.2　砌筑工程清单项目及计量规则

砌筑工程工程量清单项目设置及工程量计算规则，应按表 2.3.1～表 2.3.3 的规定执行。

2.3.2.1　砖基础

砖基础的清单工程量是按设计图示尺寸以体积计算，包括附墙垛基础宽出部分体积，扣除地梁（圈梁）、构造柱所占体积，不扣除基础大放脚 T 形接头处的重叠部分及嵌入基础内的钢筋、铁件、管道、基础砂浆防潮层和单个面积 $\leqslant 0.3m^2$ 的孔洞所占体积，靠墙暖气沟的挑檐不增加。其计算公式为

$$砖基础的清单工程量＝砖基础的断面面积×砖基础长度 \qquad (2.3.1)$$

1. 标准砖墙的厚度

标准砖尺寸应为 240mm×115mm×53mm。标准砖墙厚度应按表 2.3.4 计算。

2. 砖基础的断面面积

砖基础多为大放脚形式。大放脚是墙基下面的扩大部分，分等高和不等高（间隔）两种。其计算公式为

$$砖基础的断面面积＝标准墙厚面积＋大放脚增加的面积$$
$$＝标准墙厚×（设计基础高度＋大放脚折加高度）$$
$$(2.3.2)$$

等高大放脚，每步放脚层数相等，高度为 126mm（两皮砖加两灰缝）；每步放脚宽度相等，为 62.5mm（一砖长加一灰缝的 1/4），如图 2.3.1 所示。

不等高（间隔）大放脚，每步放脚高度不等，为 63mm 与 126mm 互相交替间隔放脚；每步放脚宽度相等，为 62.5mm，如图 2.3.2 所示。

表 2.3.1　　　　　　　　　　砖砌体（编码：010401）

项目编码	项目名称	项目特征	计量单位	工程量计算规则	工程内容
010401001	砖基础	1. 砖品种、规格、强度等级 2. 基础类型 3. 基础深度 4. 砂浆强度等级	m³	按设计图示尺寸以体积计算。包括附墙垛基础宽出部分体积，扣除地梁（圈梁）、构造柱所占体积，不扣除基础大放脚T形接头处的重叠部分及嵌入基础内的钢筋、铁件、管道、基础砂浆防潮层和单个面积≤0.3m²的孔洞所占体积，靠墙暖气沟的挑檐不增加 　　基础长度：外墙按中心线，内墙按净长线计算	1. 砂浆制作、运输 2. 砌砖 3. 防潮层铺设 4. 材料运输
010401003	实心砖墙	1. 砖品种、规格、强度等级 2. 墙体类型 3. 砂浆强度等级、配合比	m³	按设计图示尺寸以体积计算。扣除门窗洞口、过人洞、空圈、嵌入墙内的钢筋混凝土柱、梁、圈梁、挑梁、过梁及凹进墙内的壁龛、管槽、暖气槽、消火栓箱所占体积，不扣除梁头、板头、檩头、垫木、木楞头、沿缘木、木砖、门窗走头、砖墙内加固钢筋、木筋、铁件、钢管及单个面积≤0.3m²的孔洞所占体积，凸出墙面的腰线、挑檐、压顶、窗台线、虎头砖、门窗套不增加体积，凸出墙面的砖垛并入墙体体积内计算。 　　1. 墙长度：外墙按中心线，内墙按净长计算 　　2. 墙高度： 　　（1）外墙：斜（坡）屋面无檐口天棚者算至屋面板底；有屋架且室内外均有天棚者算至屋架下弦底另加200mm；无天棚者算至屋架下弦另加300mm，出檐宽度超过600mm时按实砌高度计算；有钢筋混凝土楼板隔层者算至楼板顶；平屋面算至钢筋混凝土板底 　　（2）内墙：位于屋架下弦者算至屋架下弦底；无屋架者算至天棚底另加100mm；有钢筋混凝土楼板隔层者算至楼板顶；有框架梁时算至梁底 　　（3）女儿墙：从屋面板上表面算至女儿墙顶面（如有混凝土压顶时算至压顶下表面） 　　（4）内外山墙：按其平均高度计算 　　3. 框架间墙：不分内外墙按墙体净尺寸以体积计算 　　4. 围墙：高度算至压顶上表面（如有混凝土压顶时算至压顶下表面），围墙柱并入围墙体积内	1. 砂浆制作、运输 2. 砌砖 3. 刮缝 4. 砖压顶砌筑 5. 材料运输
010401004	多孔砖墙				
010401005	空心砖墙				

续表

项目编码	项目名称	项目特征	计量单位	工程量计算规则	工程内容
010401006	空斗墙	1. 砖品种、规格、强度等级 2. 墙体类型 3. 砂浆强度等级、配合比	m³	按设计图示尺寸以空斗墙外形体积计算。墙角、内外墙交接处、门窗洞口立边、窗台砖、屋檐处的实砌部分体积并入空斗墙体积内	1. 砂浆制作、运输 2. 砌砖 3. 装填充料 4. 刮缝 5. 材料运输
010401007	空花墙			按设计图示尺寸以空花部分外形体积计算，不扣除空洞部分体积	
010401008	填充墙	1. 砖品种、规格、强度等级 2. 墙体类型 3. 填充材料种类及厚度 4. 砂浆强度等级、配合比	m³	按设计图示尺寸以填充墙外形体积计算	
010401009	实心砖柱	1. 砖品种、规格、强度等级 2. 柱类型 3. 砂浆强度等级、配合比	m³	按设计图示尺寸以体积计算。扣除混凝土及钢筋混凝土梁垫、梁头、板头所占体积	1. 砂浆制作、运输 2. 砌砖 3. 刮缝 4. 材料运输
010401010	多孔砖柱				
010404012	零星砌砖	1. 零星砌砖名称、部位 2. 砂浆强度等级、配合比	1. m³ 2. m² 3. m 4. 个	1. 以立方米计量，按设计图示尺寸截面积乘以长度计算 2. 以平方米计量，按设计图示尺寸水平投影面积计算 3. 以米计量，按设计图示尺寸长度计算 4. 以个计量，按设计图示数量计算	1. 砂浆制作、运输 2. 砌砖 3. 刮缝 4. 材料运输
010401013	砖散水、地坪	1. 砖品种、规格、强度等级 2. 垫层材料种类、厚度 3. 散水、地坪厚度 4. 面层种类、厚度 5. 砂浆强度等级	m²	按设计图示尺寸以面积计算	1. 土方挖、运、填 2. 地基找平、夯实 3. 铺设垫层 4. 砌砖散水、地坪 5. 抹砂浆面层
010401014	砖地沟、明沟	1. 砖品种、规格、强度等级 2. 沟截面尺寸 3. 垫层材料种类、厚度 4. 混凝土强度等级 5. 砂浆强度等级	m	按设计图示以中心线长度计算	1. 土方挖、运、填 2. 铺设垫层 3. 底板混凝土制作、运输、浇筑、振捣、养护 4. 砌砖 5. 刮缝抹灰 6. 材料运输

表 2.3.2　　　　　　　　　　　　砌块砌体（编码：010402）

项目编码	项目名称	项目特征	计量单位	工程量计算规则	工程内容
010402001	砌块墙	1. 砌块品种、规格、强度等级 2. 墙体类型 3. 砂浆强度等级	m³	按设计图示尺寸以体积计算 扣除门窗洞口、过人洞、空圈、嵌入墙内的钢筋混凝土柱、梁、圈梁、挑梁、过梁及凹进墙内的壁龛、管槽、暖气槽、消火栓箱所占体积，不扣除梁头、板头、檩头、垫木、木楞头、沿缘木、木砖、门窗走头、砌块墙内加固钢筋、木筋、铁件、钢管及单个面积≤0.3m² 的孔洞所占的体积。凸出墙面的腰线、挑檐、压顶、窗台线、虎头砖、门窗套的体积亦不增加。凸出墙面的砖垛并入墙体体积内计算 1. 墙长度：外墙按中心线、内墙按净长计算 2. 墙高度： （1）外墙：斜（坡）屋面无檐口天棚者算至屋面板底；有屋架且室内外均有天棚者算至屋架下弦底另加 200mm；无天棚者算至屋架下弦底另加 300mm，出檐宽度超过 600mm 时按实砌高度计算；与钢筋混凝土楼板隔层者算至板顶；平屋面算至钢筋混凝土板底。 （2）内墙：位于屋架下弦者，算至屋架下弦底；无屋架者算至天棚底另加 100mm；有钢筋混凝土楼板隔层者算至楼板顶；有框架梁时算至梁底。 （3）女儿墙：从屋面板上表面算至女儿墙顶面（如有混凝土压顶时算至压顶下表面）。 （4）内、外山墙：按其平均高度计算。 3. 框架间墙：不分内外墙按墙体净尺寸以体积计算 4. 围墙：高度算至压顶上表面（如有混凝土压顶时算至压顶下表面），围墙柱并入围墙体积内	1. 砂浆制作、运输 2. 砌砖、砌块 3. 勾缝 4. 材料运输
010402002	砌块柱	1. 砖品种、规格、强度等级 2. 墙体类型 3. 砂浆强度等级		按设计图示尺寸以体积计算。扣除混凝土及钢筋混凝土梁垫、梁头、板头所占体积	

表 2.3.3   垫　层（编码：010404）

项目编码	项目名称	项目特征	计量单位	工程量计算规则	工程内容
010404001	垫层	1. 垫层材料种类、配合比、厚度	m³	按设计图示尺寸以立方米计算	1. 垫层材料的拌制 2. 垫层铺设 3. 材料运输

表 2.3.4   标 准 墙 计 算 厚 度 表

砖数（厚度）	1/4	1/2	3/4	1	$1\frac{1}{2}$	2	$2\frac{1}{2}$	3
计算厚度/mm	53	115	180	240	365	490	615	740

图 2.3.1　等高式大放脚基础

图 2.3.2　不等高式大放脚基础

由于等高式与不等高式（间隔）大放脚是有规律的，因此，可以预先将各种形式和不同层次的大放脚增加断面积计算出来，然后按不同墙厚折成其高度（简称为折加高度）加在砖基础的高度内计算，以加快计算速度。大放脚增加断面积和折加高度见表 2.3.5。

$$折加高度＝大放脚增加的面积／墙厚＝2S_1/D \qquad (2.3.3)$$

折加高度计算方法如图 2.3.3 所示。

图 2.3.3　折加高度计算方法示意图

砖基础的外墙墙基按外墙按中心线的长度计算；内墙墙基按净长度计算。

2.3.2.2　实心砖墙

实心砖墙的清单工程量＝墙长×墙厚×墙高－应扣除的体积＋应增加的体积

$$\qquad (2.3.4)$$

表 2.3.5　　　　　　　　等高不等高砖墙基大放脚折加高度和大放脚增加断面积表

放脚层数	折加高度/m												增加断面积/m²	
	半砖(0.115)		1砖(0.24)		1.5砖(0.365)		2砖(0.49)		2.5砖(0.615)		3砖(0.74)			
	等高	间隔	等高	间隔	等高	间隔	等高	间隔	等高	间隔	等高	间隔	等高	不等高
一	0.137	0.137	0.066	0.066	0.043	0.043	0.032	0.032	0.026	0.026	0.021	0.021	0.01575	0.01575
二	0.411	0.342	0.197	0.164	0.129	0.108	0.096	0.080	0.077	0.064	0.064	0.053	0.04725	0.03938
三	0.822	0.685	0.394	0.328	0.259	0.216	0.193	0.161	0.154	0.128	0.128	0.106	0.0945	0.07875
四	1.396	1.096	0.656	0.525	0.432	0.345	0.321	0.253	0.256	0.205	0.213	0.170	0.1575	0.126
五	2.054	1.643	0.984	0.788	0.647	0.518	0.482	0.380	0.384	0.307	0.319	0.255	0.2363	0.189
六	2.876	2.260	1.378	1.083	0.906	0.712	0.672	0.530	0.538	0.419	0.447	0.315	0.3308	0.2599
七		3.013	1.838	1.444	1.208	0.949	0.900	0.707	0.717	0.563	0.596	0.468	0.441	0.3465
八		3.835	2.363	1.838	1.553	1.208	1.157	0.900	0.922	0.717	0.766	0.596	0.567	0.4411
九			2.953	2.297	1.942	1.510	1.447	1.125	1.153	0.896	0.958	0.745	0.7088	0.5513
十			3.610	2.789	2.372	1.834	1.768	1.366	1.409	1.088	1.717	0.905	0.8663	0.6694

注　1. 基础放脚折加高度是按双面计算的，当为平面放脚时，折加高度应乘 0.5 的系数。

　　2. 该表是以标准砖 240mm×115mm×53mm、灰缝为 10mm 为准编制的。

　　3. 砖基础的长度。

1. 砖墙的长度

外墙按外墙中心线长度计算、内墙按内墙净长线长度计算、女儿墙按女儿墙中心线长度计算。

2. 砖墙的高度

（1）外墙：斜（坡）屋面无檐口天棚者算至屋面板底，如图 2.3.4（a）所示；有屋架且室内外均有天棚者算至屋架下弦底另加 200mm，如图 2.3.4（b）所示；无天棚者算至屋架下弦另加 300mm，如图 2.3.4（c）所示，出檐宽度超过 600mm 时按实砌高度计算；有钢筋混凝土楼板隔层者算至楼板顶，平屋面算至钢筋混凝土板底，如图 2.3.4（d）、2.3.4（e）所示。

（2）内墙：位于屋架下弦者算至屋架下弦底，如图 2.3.5（a）所示；无屋架者算至天棚底另加 100mm，如图 2.3.5（c）所示；有钢筋混凝土楼板隔层者算至楼板顶，如图 2.3.5（b）所示；有框架梁时算至梁底，如图 2.3.5（d）所示。

（3）女儿墙：从屋面板上表面算至女儿墙顶面（如有混凝土压顶时算至压顶下表面），如图 2.3.6 所示。

（4）内外山墙：按其平均高度计算。

【典型例题】

【例 2.3.1】　　某单位传达室基础平面图及基础详图如图 2.3.7 所示，室内地坪为±0.00m，防潮层为－0.06m，防潮层以下用 M10 水泥砂浆砌标准砖基础，防潮层以上为多孔砖墙身，计算砖基础的清单工程量。

　　解：（1）清单工程量计算。

（a）无檐口天棚　　　　（b）室内外均有天棚　　　　（c）无天棚

（d）平屋面　　　　　　（e）有女儿墙的平屋面

图 2.3.4　外墙墙身高度示意图

（a）内墙位于屋架下弦　　　　（b）钢筋混凝土楼板隔层间的内墙

（c）无屋架但有天棚　　　　（d）有框架梁的钢筋混凝土隔层

图 2.3.5　内墙墙身高度示意图

（a）无混凝土压顶　　　　　　　　　　（b）有混凝土压顶

图 2.3.6　女儿墙墙身高度示意图

（a）　　　　　　　　　　　　　　　　（b）

图 2.3.7　某单位传达室基础平面图及基础详图

砖基础长：$(9.0+5.0)\times 2+(5-0.24)\times 2=37.52$（m）

砖基础高：$1.9-0.1-0.1-0.1-0.06=1.54$（m）

大放脚折加高度：0.197m（查表）

砖基础工程量：$37.52\times (1.54+0.197)\times 0.24=15.64$（m³）

（2）工程量清单编制。

分部分项工程量清单（三）见表 2.3.6。

表 2.3.6　　　　　　　　　　　　分部分项工程量清单（三）

序号	项目编码	项目名称	项目特征	计量单位	工程量
1	010401001001	砖基础	1. 砖品种、规格：标准砖 240mm× 115mm×53mm 2. 砂浆强度等级：M10 水泥砂浆	m³	15.64

【例 2.3.2】　某传达室如图 2.3.8 所示，砖墙体用 M2.5 混合砂浆砌筑，M1 为 1000mm×2400mm，M2 为 900mm×2400mm，C1 为 1500mm×1500mm；门窗上部均设过梁，截面为 240mm×180mm，长度按门窗洞口宽度每边增加 250mm；外墙均设圈梁

（内墙不设），截面为 240mm×240mm，计算墙体的清单工程量。

图 2.3.8　传达室平面及墙体示意图

解：（1）清单工程量计算。

外墙中心线长度：6.00＋4.00×3.14＋3.60＋6.00＋3.60＋8.00＝39.76（m）

内墙净长线长度：6.00－0.24＋8.00－0.24＝13.52（m）

外墙高度：0.90＋1.50＋0.18＋0.38＝2.96（m）

内墙高度：0.90＋1.50＋0.18＋0.38＋0.11＝3.07（m）

M1 面积：1.00×2.40＝2.40（m²）

M2 面积：0.90×2.40＝2.16（m²）

C1 面积：1.50×1.50＝2.25（m²）

M1GL 体积：0.24×0.18×（1.00＋0.50）＝0.065（m²）

M2GL 体积：0.24×0.18×（0.90＋0.50）＝0.060（m²）

C1GL 体积：0.24×0.18×（1.50＋0.50）＝0.086（m²）

外墙工程量：（39.76×2.96－2.40－2.16－2.25×6）×0.24－0.065－0.060－0.086 ×6＝23.27（m³）

内墙工程量：（13.52×3.07－2.16）×0.24－0.06＝9.38（m³）

实心砖墙工程量：23.27＋9.38＝32.65（m³）

（2）工程量清单编制。

分部分项工程量清单（四）见表 2.3.7。

表 2.3.7　　　　　　　　　　　分部分项工程量清单（四）

序号	项目编码	项目名称	项目特征	计量单位	工程量
1	010401003001	实心砖墙	1. 砖品种、规格：标准砖 240mm×115mm×53mm 2. 墙体类型：双面混水墙 3. 墙体厚度：240mm 4. 砂浆强度等级：M2.5 混合砂浆	m³	32.65

【例2.3.3】 某单层建筑物如图2.3.9所示，墙身为M2.5混合砂浆砌筑标准砖，内外墙厚均为370mm，混水砖墙。GZ为370mm×370mm从基础到板顶，女儿墙处GZ为240mm×240mm到压顶顶，梁高500mm，门窗洞口上全部采用砖平碹过梁，M1为1500mm×2700mm，M2为1000mm×2700mm，C1为1800mm×1800mm，试计算砖墙的清单工程量。

图2.3.9 某单层建筑物平面及墙体示意图

解： （1）清单工程量计算。

外墙中心线长度：$(9.84-0.37+6.74-0.37)×2=31.68$（m）

内墙净长线长度：$6.74-0.37×2=6.00$（m）

240mm女儿墙的中心线长度：$(9.84-0.24+6.74-0.24)×2=32.20$（m）

370mm砖墙工程量：$[(31.68+6.00)×3.6-1.50×2.70-1.00×2.70-1.80×1.80×4]×0.365+0.24×0.24×(3.6-0.5)×2=42.67$（m³）

女儿墙工程量：$0.24×0.56×32.2=4.33$（m³）

（2）工程量清单编制。

分部分项工程量清单（五）见表2.3.8。

表2.3.8 **分部分项工程量清单（五）**

序号	项目编码	项目名称	项目特征	计量单位	工程量
1	010401003001	实心砖墙	1. 砖品种、规格：标准砖240mm×115mm×53mm 2. 墙体类型：双面混水墙 3. 墙体厚度：370mm 4. 砂浆强度等级：M2.5混合砂浆	m³	42.67
2	010401003002	实心砖墙	1. 砖品种、规格：标准砖240mm×115mm×53mm 2. 墙体类型：女儿墙 3. 墙体厚度：240mm 4. 砂浆强度等级：M2.5混合砂浆	m³	4.33

【例 2.3.4】　某单层建筑物，框架结构，尺寸如图 2.3.10 所示，墙身用 M5.0 混合砂浆砌筑加气混凝土砌块，厚度为 240mm；女儿墙砌筑煤矸石空心砖，混凝土压顶断面 240mm×60mm，墙厚均为 240mm；隔墙为 120mm 厚实心砖墙。框架柱断面 240mm× 240mm 到女儿墙顶，框架梁断面 240mm×500mm，门窗洞口上均采用现浇钢筋混凝土过梁，断面 240mm×180mm。M1：1560mm×2700mm；M2：1000mm×2700mm；C1：1800mm×1800mm；C2：1560mm×1800mm，试计算墙体的清单工程量。

图 2.3.10　单层建筑物框架结构示意图

解：（1）清单工程量计算。

砌块墙工程量：[(11.34−0.24+10.44−0.24−0.24×6)×2×3.6−1.56×2.7−1.8×1.8×6−1.56×1.8]×0.24−(2.06×2+2.3×6)×0.24×0.18=27.20（m³）

空心砖墙工程量：(11.34−0.24+10.44−0.24−0.24×6)×2×(0.50−0.06)×0.24=4.19（m³）

实心砖墙工程量：[(11.34−0.24−0.24×3)×3.6−1.00×2.70×2]×0.12×2=7.67（m³）

（2）工程量清单编制。

分部分项工程量清单（六）见表 2.3.9。

表 2.3.9　　　　　　　　　分部分项工程量清单（六）

序号	项目编码	项目名称	项目特征	计量单位	工程量
1	010402001001	砌块墙	1. 砖品种、规格：加气混凝土砌块 2. 墙体厚度：240mm 3. 砂浆强度等级：M5.0 混合砂浆	m³	27.20

续表

序号	项目编码	项目名称	项目特征	计量单位	工程量
2	010401005001	空心砖墙	1. 砖品种、规格：空心砖墙 2. 墙体厚度：240mm 3. 砂浆强度等级：M5.0 混合砂浆	m³	4.19
3	010401003001	实心砖墙	1. 砖品种、规格：实心砖墙 2. 墙体厚度：120mm 3. 砂浆强度等级：M5.0 混合砂浆	m³	7.67

【自测训练】

1. 如图 2.3.11 所示，试计算砖基础的清单工程量。

（a）基础平面图

（b）1—1剖面图

图 2.3.11 基础平面图及剖面图

2. 某单层建筑物平面如图 2.3.12 所示，内墙为一砖墙，外墙为一砖半墙，板顶标高为 3.3m，板厚 0.12m，门窗统计见表 2.3.10，试计算内外砖墙的清单工程量。

表 2.3.10 门 窗 统 计 表

类别	代号	宽/m×高/m=面积/m²	数量	面积/m²
门	M-1	0.9×2.1=1.89	4	7.56
	M-2	2.1×2.4=5.04	1	5.04
	合计			12.60
窗	C-1	1.5×1.5=2.25	4	9
总 计				21.60

图 2.3.12 单层建筑物平面图

3. 某单层建筑物如图 2.3.13 和图 2.3.14 所示,墙身为 M5.0 混合砂浆砌浆,MU7.5 标准黏土砖,内外墙厚均为 240mm,外墙瓷砖贴面,GZ 从基础圈梁到女儿墙顶,门窗洞口上全部采用预制钢筋混凝土过梁。M1:1500mm×2700mm;M2:1000mm×2700mm;C1:1800mm×1800mm;C2:1500mm×1800mm,试计算砖砌体的清单工程量。

图 2.3.13 单层建筑物平面图

图 2.3.14 单层建筑物墙体剖面图

任务 2.4　现浇混凝土工程工程量清单编制

【学习目标】

(1) 了解《计量规范》(GB 50854—2013) 中混凝土工程的有关说明。

(2) 掌握混凝土工程工程量计算规则及分部分项工程量清单的编制。

【相关知识】

2.4.1　现浇混凝土工程清单规范有关说明

(1) 有肋带形基础、无肋带形基础应按基础中相关项目列项，并注明肋高。

(2) 混凝土类别指清水混凝土、彩色混凝土等，如在同一地区既使用预拌（商品）混凝土、又允许现场搅拌混凝土时，也应注明。

(3) 墙肢截面的最大长度与厚度之比小于或等于 6 倍的剪力墙，按短肢剪力墙项目列项。

(4) L 形、Y 形、T 形、十字形、Z 形、一字形等短肢剪力墙的单肢中心线长 ≤ 0.4m，按柱项目列项。

(5) 现浇挑檐、天沟板、雨篷、阳台与板（包括屋面板、楼板）连接时，以外墙外边线为分界线；与圈梁（包括其他梁）连接时，以梁外边线为分界线。外边线以外为挑檐、天沟、雨篷或阳台。

(6) 现浇混凝土小型池槽、垫块、门框等，应按现浇混凝土其他构件中的其他构件项目编码列项。

(7) 架空式混凝土台阶，按现浇楼梯计算。

2.4.2　现浇混凝土工程清单项目及计量规则

现浇混凝土工程工程量清单项目设置及工程量计算规则，应按表 2.4.1～表 2.4.8 的规定执行。

表 2.4.1　　　　　　　　　现浇混凝土基础（编码：010501）

项目编码	项目名称	项目特征	计量单位	工程量计算规则	工程内容
010501001	垫层				1. 模板及支撑制作、安装、拆除、堆放、运输及清理模内杂物、刷隔离剂等 2. 混凝土制作、运输、浇筑、振捣、养护
010501002	带形基础	1. 混凝土种类 2. 混凝土强度等级	m³	按设计图示尺寸以体积计算。不扣除伸入承台基础的桩头所占体积	
010501003	独立基础				
010501004	满堂基础				
010501005	桩承台基础				
010501006	设备基础	1. 混凝土种类 2. 混凝土强度等级 3. 灌浆材料及其强度等级			

表 2.4.2　　　　　　　　　　现浇混凝土柱（编码：010502）

项目编码	项目名称	项目特征	计量单位	工程量计算规则	工程内容
010502001	矩形柱	1. 混凝土种类 2. 混凝土强度等级	m³	按设计图示尺寸以体积计算 柱高： 　1. 有梁板的柱高，自柱基上表面（或楼板一表面）算至上一层楼板上表面之间的高度计算 　2. 无梁板的柱高，自柱基上表面（或楼板上表面）至柱帽下表面之间的高度计算 　3. 框架柱的柱高，自柱基上表面至柱顶高度计算 　4. 构造柱按全高计算，嵌接墙体部分（马牙槎）并入柱身体积 　5. 依附柱上的牛腿和升板的柱帽，并入柱身体积	1. 模板及支架（撑）制作、安装、拆除、堆放、运输及清理模内杂物、刷隔离剂等 2. 混凝土制作、运输、浇筑、振捣、养护
010502002	构造柱				
010502003	异形柱	1. 柱形状 2. 混凝土种类 3. 混凝土强度等级			

表 2.4.3　　　　　　　　　　现浇混凝土梁（编码：010503）

项目编码	项目名称	项目特征	计量单位	工程量计算规则	工程内容
010503001	基础梁	1. 混凝土种类 2. 混凝土强度等级	m³	按设计图示尺寸以体积计算。伸入墙内的梁头、梁垫并入梁体积内 梁长： 　1. 梁与柱连接时，梁长算至柱侧面 　2. 主梁与次梁连接时，次梁长算至主梁侧面	1. 模板及支架（撑）制作、安装、拆除、堆放、运输及清理模内杂物、刷隔离剂等 2. 混凝土制作、运输、浇筑、振捣、养护
010503002	矩形梁				
010503003	异形梁				
010503004	圈梁				
010503005	过梁				
010503006	弧形、拱形梁				

表 2.4.4　　　　　　　　　　现浇混凝土墙（编码：010504）

项目编码	项目名称	项目特征	计量单位	工程量计算规则	工程内容
010504001	直形墙	1. 混凝土种类 2. 混凝土强度等级	m³	按设计图示尺寸以体积计算 　扣除门窗洞口及单个面积＞0.3m² 的孔洞所占体积，墙垛及突出墙面部分并入墙体体积计算内	1. 模板及支架（撑）制作、安装、拆除、堆放、运输及清理模内杂物、刷隔离剂等 2. 混凝土制作、运输、浇筑、振捣、养护
010504002	弧形墙				
010504003	短肢剪力墙				
010504004	挡土墙				

表 2.4.5 现浇混凝土板 （编码：010505）

项目编码	项目名称	项目特征	计量单位	工程量计算规则	工程内容
010505001	有梁板	1. 混凝土种类 2. 混凝土强度等级	m³	按设计图示尺寸以体积计算，不扣除单个面积≤0.3m²的柱、垛以及孔洞所占体积 压型钢板混凝土楼板扣除构件内压型钢板所占体积 有梁板（包括主、次梁与板）按梁、板体积之和，无梁板按板和柱帽体积之和，各类板伸入墙内的板头并入板体积内，薄壳板的肋、基梁并入薄壳体积内	1. 模板及支架（撑）制作、安装、拆除、堆放、运输及清理模内杂物、刷隔离剂等 2. 混凝土制作、运输、浇筑、振捣、养护
010505002	无梁板				
010505003	平板				
010505004	拱板				
10505005	薄壳板				
010505006	栏板				
010505007	天沟、挑檐板			按设计图示尺寸以体积计算	
010505008	雨篷、阳台板			按设计图示尺寸以墙外部分体积计算。包括伸出墙外的牛腿和雨篷反挑檐的体积	
010505009	其他板			按设计图示尺寸以体积计算	

表 2.4.6 现浇混凝土楼梯 （编码：010506）

项目编码	项目名称	项目特征	计量单位	工程量计算规则	工程内容
010506001	直形楼梯	1. 混凝土种类 2. 混凝土强度等级	1. m² 2. m³	1. 以平方米计量，按设计图示尺寸以水平投影面积计算。不扣除宽度≤500mm的楼梯井，伸入墙内部分不计算 2. 以立方米计量，按设计图示尺寸以体积计算	1. 模板及支架（撑）制作、安装、拆除、堆放、运输及清理模内杂物、刷隔离剂等 2. 混凝土制作、运输、浇筑、振捣、养护
010506002	弧形楼梯				

表 2.4.7 现浇混凝土其他构件 （编码：010507）

项目编码	项目名称	项目特征	计量单位	工程量计算规则	工程内容
010507001	散水、坡道	1. 垫层材料种类、厚度 2. 面层厚度 3. 混凝土类别 4. 混凝土强度等级 5. 变形缝填塞材料种类	m²	按设计图示尺寸以水平投影面积计算。不扣除单个≤0.3m²的孔洞所占面积。	1. 地基夯实 2. 铺设垫层 3. 模板及支撑制作、安装、拆除、堆放、运输及清理模内杂物、刷隔离剂等 4. 混凝土制作、运输、浇筑、振捣、养护 5. 变形缝填塞
01050702	室外地坪	1. 地坪厚度 2. 混凝土强度等级			

续表

项目编码	项目名称	项目特征	计量单位	工程量计算规则	工程内容
010507003	电缆沟、地沟	1. 土壤类别 2. 沟截面净空尺寸 3. 垫层材料种类、厚度 4. 混凝土类别 5. 混凝土强度等级 6. 防护材料种类	m	按设计图示以中心线长计算	1. 挖填、运土石方 2. 铺设垫层 3. 模板及支撑制作、安装、拆除、堆放、运输及清理模内杂物、刷隔离剂等 4. 混凝土制作、运输、浇筑、振捣、养护 5. 刷防护材料
010507004	台阶	1. 踏步高、宽 2. 混凝土类别 3. 混凝土强度等级	1. m² 2. m³	1. 以平方米计量，按设计图示尺寸水平投影面积计算 2. 以立方米计量，按设计图示尺寸以体积计算	1. 模板及支撑制作、安装、拆除、堆放、运输及清理模内杂物、刷隔离剂等 2. 混凝土制作、运输、浇筑、振捣、养护
010507005	扶手、压顶	1. 断面尺寸 2. 混凝土类别 3. 混凝土强度等级	1. m 2. m³	1. 以米计量，按设计图示的中心线延长米计算 2. 以立方米计量，按设计图示尺寸以体积计算	1. 模板及支架（撑）制作、安装、拆除、堆放、运输及清理模内杂物、刷隔离剂等 2. 混凝土制作、运输、浇筑、振捣、养护
010507006	化粪池、检查井	1. 部位 2. 混凝土强度等级 3. 防水、抗渗要求	1. m³ 2. 座	1. 按设计图示尺寸以体积计算 2. 以座计量，按设计图示数量计算	
010507007	其他构件	1. 构件的类型 2. 构件规格 3. 部位 4. 混凝土类别 5. 混凝土强度等级	m³		

表 2.4.8 后浇带（编码：010508）

项目编码	项目名称	项目特征	计量单位	工程量计算规则	工程内容
010508001	后浇带	1. 混凝土种类 2. 混凝土强度等级	m³	按设计图示尺寸以体积计算	1. 模板及支架（撑）制作、安装、拆除、堆放、运输及清理模内杂物、刷隔离剂等 2. 混凝土制作、运输、浇筑、振捣、养护

2.4.2.1　现浇混凝土基础

现浇混凝土基础项目包括垫层、带形基础、独立基础、满堂基础、桩承台基础、设备基础六个清单项目，其清单计算规则是按设计图示尺寸以体积计算，不扣除伸入承台基础的桩头所占体积。

1. 混凝土基础和墙、柱的分界线

以混凝土基础的扩大顶面为界，以下为基础，以上为柱或墙，如图 2.4.1 所示。

基础扩大顶面

（a）墙下钢筋混凝土条形基础　　　　　（b）柱下钢筋混凝土独立基础

图 2.4.1　混凝土基础和墙、柱划分示意图

2. 带形基础

带形基础按其形式不同可分为无梁式（板式）混凝土基础和有梁式（带肋）混凝土基础两种。其工程量计算式如下：

$$V = 基础断面积 \times 基础长度 \tag{2.4.1}$$

式中　基础长度——外墙基础按外墙中心线长度计算，内墙基础按基础间净长线计算，如图 2.4.2 所示。

无梁式（板式）混凝土基础和有梁式（带肋）混凝土基础应分别编码列项，并注明肋高。

3. 独立基础

独立基础按其断面形状可分为四棱锥台形、踏步（台阶）形和杯形独立基础等。

（1）四棱锥台形独立基础的工程量计算。钢筋混凝土柱下独立基础如图 2.4.3 所示。

梁间净长

斜坡中心线长

基底净长

定位轴线长

图 2.4.2　内墙基础计算长度示意图

$$V = \frac{h_1}{6}\left[ab + a_1 b_1 + (a + a_1)(b + b_1)\right] + abh_2 \tag{2.4.2}$$

（2）踏步（台阶）形独立基础的工程量计算。踏步（台阶）形独立基础如图 2.4.4 所示。

$$V = abABh_1 + a_1 b_1 h_2 \tag{2.4.3}$$

4. 满堂基础

满堂基础按其形式不同可分为无梁式、有梁式和箱式满堂基础三种主要形式。

图 2.4.3　四棱锥台形独立基础示意图

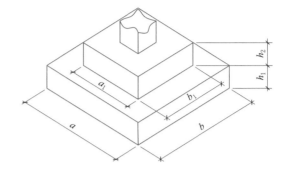

图 2.4.4　踏步（台阶）形独立基础示意图

（1）无梁式满堂基础如图 2.4.5（a）所示，其工程量计算式如下：
$$无梁式满堂基础工程量＝基础底板体积＋柱墩体积 \qquad (2.4.4)$$
式中：柱墩体积的计算与角锥形独立基础的体积计算方法相同。

（2）有梁式满堂基础如图 2.4.5（b）所示，其工程量计算式如下：
$$有梁式满堂基础工程量＝基础底板体积＋梁体积 \qquad (2.4.5)$$

（a）无梁式

（b）有梁式

图 2.4.5　满堂基础示意图

（3）箱式满堂基础可按满堂基础、现浇柱、梁、墙、板分别编码列项，也可利用满堂基础中的第五级编码分别列项，如图 2.4.6 所示。

2.4.2.2　现浇混凝土柱

现浇混凝土柱项目适用于各种结构形式下的柱，包括矩形柱、构造柱、异形柱三个清单项目。现浇混凝土柱清单计算规则是按设计图示尺寸以体积计算，其计算公式为

$$V＝柱断面面积×柱高$$

其中，柱高按下列规定确定。

（1）有梁板的柱高，自柱基上表面（或楼板一表面）算至上一层楼板上表面之间的高度计算，如图 2.4.7（a）所示。

图 2.4.6　箱式满堂基础示意图

（2）无梁板的柱高，自柱基上表面（或楼板上表面）至柱帽下表面之间的高度计算，如图2.4.7（b）所示。

（3）无楼层框架柱的柱高，自柱基上表面至柱顶高度计算，如图2.4.7（c）所示。

（4）构造柱按全高计算，嵌接墙体部分（马牙槎）并入柱身体积，如图2.4.7（d）所示。

（5）依附柱上的牛腿和升板的柱帽，并入柱身体积。

（a）有梁板柱高 （b）无梁板柱高 （c）无楼层框架柱的柱高 （d）构造柱的柱高

图2.4.7　柱高示意图

计算构造柱断面时，应根据构造柱的具体位置计算其实际面积（包括马牙槎面积），马牙槎的构造如图2.4.8所示。构造柱的平面布置有四种情况：一字形墙中间处、T形接头处、十字交叉处、L形拐角处，如图2.4.9所示。

$$构造柱断面积 = d_1 d_2 + 0.03(n_1 d_1 + n_2 d_2) \tag{2.4.6}$$

式中　d_1、d_2——构造柱两个方向的尺寸；

n_1、n_2——d_1、d_2 方向咬接的边数。

图2.4.8　构造柱与砖墙嵌接部分（马牙槎）示意图

2.4.2.3　现浇混凝土梁

现浇混凝土梁可分为基础梁、矩形梁、异形梁、圈梁、过梁、弧形、拱形梁。基础梁项目适用于独立基础间架设的、承受上部墙传来荷载的梁；圈梁项目适用于为了加强结构整体性，构造上要求设置封闭型的水平梁；过梁项目适用于建筑物门窗洞口上所设置的

（a）一字形墙中间处　　　　　　　　　　（b）十字交叉处

（c）T形接头处　　　　　　　　　　（d）L形拐角处

图 2.4.9　构造柱平面位置图

梁；矩形梁、异形梁、弧形梁及拱形梁项目，适用于除了以上三种梁外的截面为矩形、异形及形状为弧形、拱形的梁。

现浇混凝土梁的清单计算规则是按设计图示尺寸以体积计算，伸入墙内的梁头、梁垫并入梁体积内。其计算公式为

$$V_{梁} = 梁断面积 \times 梁长 \tag{2.4.7}$$

其中梁长度计算规定如下。

（1）梁与柱连接时，梁长算至柱内侧面；次梁与主梁连接时，次梁长算至主梁内侧面；梁端与混凝土墙相接时，梁长算至混凝土墙内侧面；梁端与砖墙交接时伸入砖墙的部分（包括梁头）并入梁内。

（2）对于圈梁的长度，外墙上圈梁长取外墙中心线长；内墙上圈梁长取内墙净长，且当圈梁与主次梁或柱交接时，圈梁长度算至主次梁或柱的侧面；当圈梁与构造柱相交时，其相交部分的体积计入构造柱内。

2.4.2.4　现浇混凝土墙

现浇混凝土墙项目包括直形墙和弧形墙，其清单工程量计算规则是按设计图示尺寸以体积计算。不扣除构件内钢筋、预埋铁件所占体积，扣除门窗洞口及单个面积 $0.3m^2$ 以外的孔洞所占体积，墙垛及突出墙面部分并入墙体体积计算。

2.4.2.5　现浇混凝土板

现浇混凝土板包括有梁板、无梁板、平板、拱板、薄壳板、栏板、天沟、挑檐板、雨篷、阳台板、其他板等，其清单工程量计算规则是按设计图示尺寸以体积计算，不扣除单个面积 $\leqslant 0.3m^2$ 的柱、垛以及孔洞所占体积。

（1）有梁板（包括主、次梁与板），其工程量按梁、板体积之和计算。

（2）无梁板是指不带梁，直接用柱头支撑的板，其工程量按板和柱帽体积之和计算。

（3）平板是指无柱无梁，四边直接搁在圈梁或承重墙上的板，其工程量按板实体体积计算。有多种板连接时，应以墙中心线划分。

（4）雨篷和阳台板，按设计图示尺寸以墙外部分体积计算，包括伸出墙外的牛腿和雨

篷反挑檐的体积。

雨篷、阳台与板（楼板、屋面板）连接时，以外墙的外边线为界；与圈梁（包括其他梁）连接时，以梁的外边线为界，外边线以外为雨篷、阳台。挑檐与现浇混凝土板的分界线如图2.4.10所示。

图 2.4.10　挑檐与现浇混凝土板的分界线

（5）各类板伸入墙内的板头并入板体积内，薄壳板的肋、基梁并入薄壳体积内计算。

2.4.2.6　现浇混凝土楼梯

现浇混凝土楼梯包括直形楼梯和弧形楼梯，其清单工程量计算规则有两种。

（1）以平方米计量，按设计图示尺寸以水平投影面积计算。不扣除宽度≤500mm的楼梯井，伸入墙内部分不计算。

其水平投影面积包括休息平台、平台梁、斜梁以及楼梯与楼板连接的梁，如图2.4.11所示。当整体楼梯与现浇楼板无梯梁连接时，以楼梯的最后一个踏步边缘加300mm为界。

图 2.4.11　楼梯平面图及剖面图

（2）以立方米计量，按设计图示尺寸以体积计算。

2.4.2.7　现浇混凝土其他构件

其他构件项目适用于小型池槽、压顶（加强稳定封顶的构件，较宽）、扶手（依附之用的扶握构件，较窄）、垫块、台阶、门框等；散水、坡道项目适用于结构层为混凝土的散水、坡道；电缆沟、地沟项目适用于沟壁为混凝土的地沟项目。

（1）扶手、压顶按长度（包括伸入墙内的长度）计算，计量单位m；台阶按水平投影面积计算，计量单位 m^2。台阶与平台连接时，其分界线以最上层踏步外沿加 300mm 计算。

（2）散水、坡道、电缆沟、地沟需抹灰时，其费用应包含在报价内。

2.4.2.8　后浇带

后浇带是一种刚性变形缝，适用于不允许留设柔性变形缝的部位。后浇带的浇筑应待两侧结构的主体混凝土干缩变形稳定后进行。后浇带项目适用于基础（满堂式）、梁、墙、板的后浇带，一般宽为 $700 \sim 1000mm$。

【典型例题】

【例 2.4.1】　图 2.4.12 为某房屋基础平面及剖面图，图 2.4.13 为内、外墙基础交接示意图，计算现浇混凝土基础的清单工程量。

（a）基础平面图　　　　　　　　　（b）基础剖面图

图 2.4.12　某房屋基础平面及剖面图

图 2.4.13　内、外墙基础交接示意图

解：（1）清单工程量计算。

外墙下基础工程量 $= [(0.08 \times 2 + 0.24) \times 0.3 + \frac{1}{2} \times (0.08 \times 2 + 0.24 + 1)$

$\times 0.15 + 1 \times 0.2] \times (3.9 \times 2 + 2.7 \times 2) \times 2$

$= (0.12 + 0.105 + 0.2) \times 26.4 = 11.22$（$m^3$）

从图 2.4.12 中可以看出，内墙下基础：

梁间净长＝2.7－（0.12＋0.08）×2＝2.3（m）

斜坡中心线长＝2.7－$\frac{1}{2}$×（0.2＋0.5）×2＝2.0（m）

基底净长＝2.7－0.5×2＝1.7（m）

内墙下基础工程量＝∑（内墙下基础各部分断面积×相应计算长度）

$$＝（0.08×2＋0.24）×0.3×2.3＋\frac{1}{2}×（0.08×2＋0.24＋1）$$

$$×0.15×2.0＋1×0.2×1.7$$

$$＝0.28＋0.21＋0.34＝0.83（m^3）$$

基础工程量＝外墙下基础工程量＋内墙下基础工程量＝11.22＋0.83＝12.05（m³）

（2）工程量清单编制。分部分项工程量清单（七）见表2.4.9。

表2.4.9　　　　　　　　　　　分部分项工程量清单（七）

序号	项目编码	项目名称	项目特征	计量单位	工程量
1	010501002001	带型基础	1. 基础形式：带型基础	m³	12.05

【例2.4.2】　如图2.4.14所示，计算50个钢筋混凝土杯形基础混凝土的清单工程量。

图2.4.14　钢筋混凝土杯形基础示意图

解：（1）清单工程量计算。

杯形基础工程量＝{2×2.2×0.2＋1.15×1.35×0.3＋0.35÷6×[2×2.2
　　　　　　　＋（2＋1.15）×（2.2＋1.35）＋（1.15×1.35）]－0.65÷6
　　　　　　　×[0.55×0.75＋（0.55＋0.4）×（0.75＋0.60）＋0.4×0.6]}×50
　　　　　　＝（0.88＋0.47＋1－0.21）×50
　　　　　　＝107.00（m³）

（2）工程量清单编制。分部分项工程量清单（八）见表2.4.10。

表 2.4.10 分部分项工程量清单（八）

序号	项目编码	项目名称	项目特征	计量单位	工程量
1	010501003001	独立基础	1. 基础形式：杯形基础	m³	107.00

【例 2.4.3】 如图 2.4.15 所示，计算有梁式满堂基础混凝土的清单工程量。

（a）横向剖面图 （b）纵向剖面图

图 2.4.15 有梁式满堂基础示意图

解：（1）清单工程量计算。

底板混凝土工程量＝$30 \times 20 \times 0.4 = 240.00$（m³）

梁混凝土工程量＝$0.5 \times 0.3 \times 30 \times 4 + 0.5 \times 0.3 \times (20 - 0.3 \times 4) \times 6 = 34.92$（m³）

梁板式满堂基础混凝土工程量＝底板混凝土工程量＋梁混凝土工程量

$= 240.00 + 34.92 = 274.92$（m³）

（2）工程量清单编制。分部分项工程量清单（九）见表 2.4.11。

表 2.4.11 分部分项工程量清单（九）

序号	项目编码	项目名称	项目特征	计量单位	工程量
1	010501004001	满堂基础	1. 基础形式：有梁式满堂基础	m³	274.92

【例 2.4.4】 如图 2.4.16 所示构造柱，A 形 4 根，B 形 8 根，C 形 12 根，D 形 24 根，总高 26m，混凝土强度等级为 C25，试计算现浇混凝土构造柱的清单工程量。

解：（1）清单工程量计算。

A 形构造柱工程量：$(0.24 \times 0.24 + 0.24 \times 0.03 \times 2) \times 26 \times 4 = 7.488$（m³）

B 形构造柱工程量：$(0.24 \times 0.24 + 0.24 \times 0.03 \times 2) \times 26 \times 8 = 14.976$（m³）

C 形构造柱工程量：$(0.24 \times 0.24 + 0.24 \times 0.03 \times 4) \times 26 \times 12 = 26.957$（m³）

D 形构造柱工程量：$(0.24 \times 0.24 + 0.24 \times 0.03 \times 3) \times 26 \times 24 = 49.421$（m³）

构造柱工程量总计：$7.488 + 14.976 + 26.957 + 49.421 = 98.84$（m³）

（2）工程量清单编制。分部分项工程量清单（十）见表 2.4.12。

表 2.4.12 分部分项工程量清单（十）

序号	项目编码	项目名称	项目特征	计量单位	工程量
1	010502002001	构造柱	1. 混凝土强度等级：C25	m³	98.84

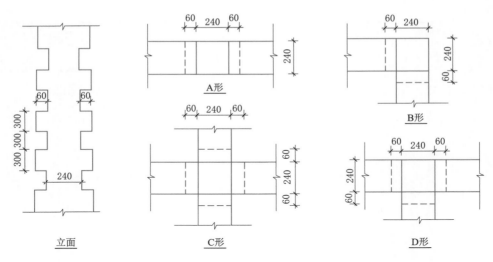

图 2.4.16　构造柱示意图

【例 2.4.5】　某房屋 2 层结构平面图如图 2.4.17 所示，已知 1 层板顶标高为 3.0m，2 层板顶标高为 6.0m，现浇板厚 100mm，各构件混凝土强度等级为 C25，断面尺寸见表 2.4.13，试计算 2 层各钢筋混凝土构件的清单工程量。

图 2.4.17　2 层结构平面图

表 2.4.13　　　　　　　　　　　　　　构 件 尺 寸

构件名称	构件尺寸	构件名称	构件尺寸
KZ	400mm×400mm	KL2	宽×高＝300mm×650mm
KL1	宽×高＝250mm×500mm	L1	宽×高＝250mm×400mm

解：（1）清单工程量计算。

1）矩形柱（KZ）。

矩形柱工程量：$0.4×0.4×(6-3)×4=1.92$（m³）

2）有梁板。

KL1 工程量：$0.25 \times 0.5 \times (5.4 - 0.2 \times 2) \times 2 = 1.25$ （m^3）

KL2 工程量：$0.3 \times 0.65 \times (7.2 - 0.2 \times 2) \times 2 = 2.65$ （m^3）

L1 工程量：$0.25 \times (0.4 - 0.1) \times (5.4 + 0.2 \times 2 - 0.3 \times 2) \times 2 = 0.78$ （m^3）

平板工程量：$(7.2 - 0.05 \times 2) \times (5.4 - 0.1 \times 2) \times 0.1 = 3.69$ （m^3）

则有梁板工程量：$1.25 + 2.65 + 0.78 + 3.69 = 8.37$ （m^3）

（2）工程量清单编制。分部分项工程量清单（十一）见表 2.4.14。

表 2.4.14　　　　　　　　　　分部分项工程量清单（十一）

序号	项目编码	项目名称	项目特征	计量单位	工程量
1	010502001001	矩形柱	1. 柱尺寸、高度：高 3m，断面尺寸 400mm×400mm 2. 混凝土强度等级：C25	m^3	1.92
2	010505001001	有梁板	1. 板厚：100mm 2. 混凝土类别：现浇钢筋混凝土 3. 混凝土强度等级：C25	m^3	8.37

【例 2.4.6】　（同例 2.4.5）如图 2.4.18 所示，若屋面设计为挑檐，试计算挑檐的清单工程量。

解：（1）清单工程量计算。

挑檐平板的中心线长：$[(5.4 + 0.2 \times 2 + 0.3 \times 2) + (7.2 + 0.2 \times 2 + 0.3 \times 2)] \times 2 = 29.20$ （m）

挑檐平板工程量：$0.6 \times 0.1 \times 29.20 = 1.75$ （m^3）

挑檐立板的中心线长：$[5.4 + 0.2 \times 2 + (0.6 - 0.08 \div 2) \times 2 + 7.2 + 0.2 \times 2 + (0.6 - 0.08 \div 2) \times 2] \times 2 = 31.28$ （m）

挑檐立板工程量 $= (0.5 - 0.1) \times 0.08 \times 31.28 = 1.00$ （m^3）

图 2.4.18　挑檐剖面图

挑檐工程量＝挑檐平板工程量＋挑檐立板工程量＝$1.75 + 1.00 = 2.75$ （m^3）

（2）工程量清单编制。分部分项工程量清单（十二）见表 2.4.15。

表 2.4.15　　　　　　　　　　分部分项工程量清单（十二）

序号	项目编码	项目名称	项目特征	计量单位	工程量
1	010505007001	挑檐板	1. 混凝土强度等级：C25	m^3	2.75

【例 2.4.7】　某房屋平面图如图 2.4.19 所示，散水、台阶所用混凝土的强度等级为 C25，试计算散水和台阶的清单工程量。

（a）房屋平面　　　　　　　　　　　（b）台阶示意图

图 2.4.19　某房屋平面及台阶示意图

解：（1）清单工程量计算。

散水工程量：（12＋0.24＋0.45×2＋4.8＋0.24＋0.45×2）×2×0.9－（3＋0.3×4）× 0.9＝38.16×0.9－4.2×0.9＝30.56（m²）

台阶工程量：（3.0＋0.3×4）×（1.2＋0.3×2）－（3.0－0.3×2）×（1.2－0.3）＝7.56 －2.16＝5.40（m²）

（2）工程量清单编制。分部分项工程量清单（十三）见表 2.4.16。

表 2.4.16　　　　　　　　　分部分项工程量清单（十三）

序号	项目编码	项目名称	项目特征	计量单位	工程量
1	010507001001	散水	1. 混凝土强度等级：C25	m³	30.56
2	010507004001	台阶	1. 踏步宽：300mm 2. 混凝土强度等级：C25	m³	5.40

【自测训练】

1. 某钢筋混凝土房屋的有梁式（带肋）基础平面及 1—1 剖面图如图 2.4.20 所示，基础混凝土强度等级 C25，垫层混凝土强度等级为 C15，试计算该钢筋混凝土带型基础的清单工程量。

2. 某钢筋混凝土房屋的无梁式基础平面及剖面图如图 2.4.21 所示，基础混凝土强度等级 C25，垫层混凝土强度等级为 C15，试计算该钢筋混凝土带型基础的清单工程量。

3. 教学单层用房，现浇钢筋混凝土圈梁代过梁，如图 2.4.22 所示。门洞 1000mm× 2700mm，共 4 个；窗洞 1500mm×1500mm，共 8 个。混凝土强度等级均为 C25，现场搅拌混凝土，试计算现浇钢筋混凝土圈梁、过梁的清单工程量。

4. 某工程现浇钢筋混凝土无梁板，如图 2.4.23 所示。板顶标高 5.4m，混凝土强度等级 C25，现场搅拌混凝土，试计算现浇钢筋混凝土无梁板的清单工程量。

5. 某工程现浇钢筋混凝土楼梯平面图如图 2.4.24 所示，试计算现浇钢筋混凝土楼梯的清单工程量（建筑物 4 层，共 3 层楼梯）。

（a）基础平面图 （b）1—1基础剖面图

图 2.4.20 基础平面图及剖面图

（a）外墙基础详图 （b）内墙基础详图

图 2.4.21 基础平面图及剖面图

图 2.4.22 现浇钢筋混凝土圈梁（过梁）示意图

113

图 2.4.23　现浇钢筋混凝土无梁板示意图

图 2.4.24　现浇钢筋混凝土楼梯平面图

任务 2.5　门窗工程工程量清单编制

【学习目标】

（1）了解《计量规范》（GB 50854—2013）中门窗工程的有关说明。

（2）掌握门窗工程工程量计算规则及分部分项工程量清单的编制。

【相关知识】

2.5.1　门窗工程清单规范有关说明

（1）木质门应区分镶板木门、企口木板门、实木装饰门、胶合板门、夹板装饰门、木纱门、全玻门（带木质扇框）、木质半玻门（带木质扇框）等项目，分别编码列项；金属门应区分金属平开门、金属推拉门、金属地弹门、全玻门（带金属扇框）、金属半玻门（带扇框）等项目，分别编码列项。

（2）特种门应区分冷藏门、冷冻间门、保温门、变电室门、隔音门、防射线门、人防门、金库门等项目，分别编码列项。

（3）木质窗应区分木百叶窗、木组合窗、木天窗、木固定窗、木装饰空花窗等项目，分别编码列项。

（4）门、窗五金应包括的内容如下。

1）木门五金应包括折页、插销、门碰珠、弓背拉手、搭机、木螺丝、弹簧折页（自动门）、管子拉手（自由门、地弹门）、地弹簧（地弹门）、角铁、门轧头（地弹门、自由门）等。

　　2）铝合金门五金包括地弹簧、门锁、拉手、门插、门铰、螺丝等。

　　3）其他金属门五金包括 L 形执手插锁（双舌）、执手锁（单舌）、门轧头、地锁、防盗门机、门眼（猫眼）、门碰珠、电子锁（磁卡锁）、闭门器、装饰拉手等。

　　4）木窗五金包括折页、插销、风钩、木螺丝、滑楞滑轨（推拉窗）等。

　　5）金属窗中铝合金窗五金应包括卡锁、滑轮、铰拉、执手、拉把、拉手、风撑、角码、牛角制等。

　　（5）木质门带套计量按洞口尺寸以面积计算，不包括门套的面积。

　　（6）门、窗以樘计量，项目特征必须描述洞口尺寸，以平方米计量，项目特征可不描述洞口尺寸。

　　（7）单独制作安装木门框按木门框项目编码列项。

　　（8）木橱窗、木飘（凸）窗以樘计量，项目特征必须描述框截面及外围展开面积。

　　（9）门窗套。

　　1）以樘计量，项目特征必须描述洞口尺寸、门窗套展开宽度。

　　2）以平方米计量，项目特征可不描述洞口尺寸、门窗套展开宽度。

　　3）以米计量，项目特征必须描述门窗套展开宽度、筒子板及贴脸宽度。

　　（10）窗帘。

　　1）窗帘若是双层，项目特征必须描述每层材质。

　　2）窗帘以米计量，项目特征必须描述窗帘高度和宽。

2.5.2　门窗工程清单项目及计量规则

　　门窗工程工程量清单项目设置及工程量计算规则，应按表 2.5.1～表 2.5.5 的规定执行。

表 2.5.1　　　　　　　　　　　木门（编码：010801）

项目编码	项目名称	项目特征	计量单位	工程量计算规则	工程内容
010801001	木质门	1. 门代号及洞口尺寸 2. 镶嵌玻璃品种、厚度	1. 樘 2. m²	1. 以樘计量，按设计图示数量计算 2. 以平方米计量，按设计图示洞口尺寸以面积计算	1. 门安装 2. 玻璃安装 3. 五金安装
010801002	木质门带套				
010801003	木质连窗门				
010801004	木质防火门	1. 门代号及洞口尺寸 2. 镶嵌玻璃品种、厚度			
010801005	木门框	1. 门代号及洞口尺寸 2. 框截面尺寸 3. 防护材料种类			1. 木门框制作、安装 2. 运输 3. 刷防护材料
010801006	门锁安装	1. 锁品种 2. 锁规格	个（套）	按设计图示数量计算	安装

表 2.5.2　　　　　　　　　　　金属门（编码：010802）

项目编码	项目名称	项目特征	计量单位	工程量计算规则	工程内容
010802001	金属（塑钢）门	1. 门代号及洞口尺寸 2. 门框或扇外围尺寸 3. 门框、扇材质 4. 玻璃品种、厚度	1. 樘 2. m²	1. 以樘计量，按设计图示数量计算 2. 以平方米计量，按设计图示洞口尺寸以面积计算	1. 门安装 2. 五金安装 3. 玻璃安装
010802002	彩板门	1. 门代号及洞口尺寸 2. 门框或扇外围尺寸			
010802003	钢质防火门	1. 门代号及洞口尺寸 2. 门框或扇外围尺寸 3. 门框、扇材质			
010802004	防盗门	1. 门代号及洞口尺寸 2. 门框或扇外围尺寸 3. 门框、扇材质			1. 门安装 2. 五金安装

表 2.5.3　　　　　　　　　　　木窗（编码：010806）

项目编码	项目名称	项目特征	计量单位	工程量计算规则	工程内容
010806001	木质窗	1. 窗代号及洞口尺寸 2. 玻璃品种、厚度 3. 防护材料种类	1. 樘 2. m²	1. 以樘计量，按设计图示数量计算 2. 以平方米计量，按设计图示洞口尺寸以面积计算	1. 窗制作、运输、安装 2. 五金、玻璃安装 3. 刷防护材料
010806002	木橱窗	1. 窗代号 2. 框截面及外围展开面积 3. 玻璃品种、厚度 4. 防护材料种类		1. 以樘计量，按设计图示数量计算 2. 以平方米计量，按设计图示尺寸以框外围展开面积计算	
010806003	木飘（凸）窗				
010806004	木质成品窗	1. 窗代号及洞口尺寸 2. 玻璃品种、厚度		1. 以樘计量，按设计图示数量计算 2. 以平方米计量，按设计图示洞口尺寸以面积计算	1. 窗安装 2. 五金、玻璃安装

表 2.5.4　　　　　　　　　　　金属窗（编码：010807）

项目编码	项目名称	项目特征	计量单位	工程量计算规则	工程内容
010807001	金属（塑钢、断桥）窗	1. 窗代号及洞口尺寸 2. 框、扇材质 3. 玻璃品种、厚度	1. 樘 2. m²	1. 以樘计量，按设计图示数量计算 2. 以平方米计量，按设计图示洞口尺寸以面积计算	1. 窗安装 2. 五金、玻璃安装
010807002	金属防火窗				
010807003	金属百叶窗			1. 窗安装 2. 五金安装
010807005	金属格栅窗	1. 窗代号及洞口尺寸 2. 框外围尺寸 3. 框、扇材质			1. 窗安装 2. 五金安装
010807006	金属（塑钢、断桥）橱窗	1. 窗代号 2. 框外围展开面积 3. 框、扇材质 4. 玻璃品种、厚度 5. 防护材料种类		1. 以樘计量，按设计图示数量计算 2. 以平方米计量，按设计图示尺寸以框外围展开面积计算	1. 窗制作、运输、安装 2. 五金、玻璃安装 3. 刷防护材料
010807007	金属（塑钢、断桥）飘（凸）窗	1. 窗代号 2. 框外围展开面积 3. 框、扇材质 4. 玻璃品种、厚度			1. 窗安装 2. 五金、玻璃安装

表 2.5.5　　　　　　　　　　　窗台板（编码：010809）

项目编码	项目名称	项目特征	计量单位	工程量计算规则	工程内容
010809001	木窗台板	1. 基层材料种类 2. 窗台面板材质、规格、颜色 3. 防护材料种类	m²	按设计图示尺寸以展开面积计算	1. 基层清理 2. 基层制作、安装 3. 窗台板制作、安装 4. 刷防护材料
010809002	铝塑窗台板				
010809003	金属窗台板				
010809004	石材窗台板	1. 粘结层厚度、砂浆配合比 2. 窗台板材质、规格、颜色			1. 基层清理 2. 抹找平层 3. 窗台板制作、安装

任务 2.6　屋面及防水工程工程量清单编制

【学习目标】

（1）了解《计量规范》（GB 50854—2013）中屋面及防水工程的有关说明。

（2）掌握屋面及防水工程工程量计算规则及分部分项工程量清单的编制。

【相关知识】

2.6.1 屋面及防水工程清单规范有关说明

（1）瓦屋面，若是在木基层上铺瓦，项目特征不必描述黏结层砂浆的配合比，瓦屋面铺防水层，按《计量规范》J.2 屋面防水及其他相关项目编码列项。

（2）型材屋面、阳光板屋面、玻璃钢屋面的柱、梁、屋架，按《计量规范》附录 F 金属结构工程、附录 G 木结构工程中相关项目编码列项。

（3）屋面刚性层防水，按屋面卷材防水、屋面涂膜防水项目编码列项；屋面刚性层无钢筋，其钢筋项目特征不必描述。

（4）屋面找平层按《计量规范》附录 L 楼地面装饰工程"平面砂浆找平层"项目编码列项。

（5）屋面防水搭接及附加层用量不另行计算，在综合单价中考虑。

（6）墙面防水搭接及附加层用量不另行计算，在综合单价中考虑。

（7）墙面变形缝，若做双面，工程量乘系数 2。

（8）墙面找平层按《计量规范》附录 M 墙、柱面装饰与隔断工程"立面砂浆找平层"项目编码列项。

（9）楼（地）面防水找平层按《计量规范》附录 L 楼地面装饰工程"平面砂浆找平层"项目编码列项。

（10）楼（地）面防水搭接及附加层用量不另行计算，在综合单价中考虑。

2.6.2 屋面及防水工程清单项目及计量规则

屋面及防水工程工程量清单项目设置及工程量计算规则，应按表 2.6.1～表 2.6.4 的规定执行。

表 2.6.1　　　　　　　　　瓦、型材及其他屋面（编码：010901）

项目编码	项目名称	项目特征	计量单位	工程量计算规则	工程内容
010901001	瓦屋面	1. 瓦品种、规格 2. 粘结层砂浆配合比	m²	按设计图示尺寸以斜面积计算。不扣除房上烟囱、风帽底座、风道、小气窗、斜沟等所占面积，小气窗的出檐部分不增加面积	1. 砂浆制作、运输、摊铺、养护 2. 安瓦、作瓦脊
010901002	型材屋面	1. 型材品种、规格 2. 金属檩条材料品种、规格 3. 接缝、嵌缝材料种类			1. 檩条制作、运输、安装 2. 屋面型材安装 3. 接缝、嵌缝
010901005	膜结构屋面	1. 膜布品种、规格 2. 支柱（网架）钢材品种、规格 3. 钢丝绳品种、规格 4. 锚固基座做法 5. 油漆品种、刷漆遍数		按设计图示尺寸以需要覆盖的水平投影面积计算	1. 膜布热压胶接 2. 支柱（网架）制作、安装 3. 膜布安装 4. 穿钢丝绳、锚头锚固 5. 锚固基座、挖土、回填 6. 刷防护材料，油漆

表 2.6.2　　　　　　　　　　屋面防水及其他（编码：010902）

项目编码	项目名称	项目特征	计量单位	工程量计算规则	工程内容
010902001	屋面卷材防水	1. 卷材品种、规格、厚度 2. 防水层数 3. 防水层做法	m²	按设计图示尺寸以面积计算 1. 斜屋顶（不包括平屋顶找坡）按斜面积计算，平屋顶按水平投影面积计算 2. 不扣除房上烟囱、风帽底座、风道、屋面小气窗和斜沟所占面积 3. 屋面的女儿墙、伸缩缝和天窗等处的弯起部分，并入屋面工程量内	1. 基层处理 2. 刷底油 3. 铺油毡卷材、接缝、嵌缝
010902002	屋面涂膜防水	1. 防水膜品种 2. 涂膜厚度、遍数 3. 增强材料种类			1. 基层处理 2. 刷基层处理剂 3. 铺布、喷涂防水层
010902003	屋面刚性层	1. 刚性层厚度 2. 混凝土种类 3. 混凝土强度等级 4. 嵌缝材料种类 5. 钢筋规格、型号		按设计图示尺寸以面积计算。不扣除房上烟囱、风帽底座、风道等所占面积	1. 基层处理 2. 混凝土制作、运输、铺筑、养护 3. 钢筋制作、安装
010902004	屋面排水管	1. 排水管品种、规格 2. 雨水斗、山墙出水口品种、规格 3. 接缝、嵌缝材料种类 4. 油漆品种、刷漆遍数	m	按设计图示尺寸以长度计算。如设计未标注尺寸，以檐口至设计室外散水上表面垂直距离计算	1. 排水管及配件安装、固定 2. 雨水斗、山墙出水口、雨水算子安装 3. 接缝、嵌缝 4. 刷漆
010902007	屋面天沟、檐沟	1. 材料品种 2. 接缝、嵌缝材料种类	m²	按设计图示尺寸以展开面积计算	1. 天沟材料铺设 2. 天沟配件安装 3. 接缝、嵌缝 4. 刷防护材料
010902008	屋面变形缝	1. 嵌缝材料种类 2. 止水带材料种类 3. 盖缝材料 4. 防护材料种类	m	按设计图示以长度计算	1. 清缝 2. 填塞防水材料 3. 止水带安装 4. 盖缝制作、安装 5. 刷防护材料

2.6.2.1　瓦屋面、型材屋面

瓦屋面、型材屋面清单工程量均是按设计图示尺寸以斜面积计算。不扣除房上烟囱、风帽底座、风道、小气窗、斜沟等所占面积，小气窗的出檐部分不增加面积。其计算公式为

$$斜屋面的面积 S = 屋面图示尺寸的水平投影面积 S_{水平} \times 延尺系数 C \qquad (2.6.1)$$

（1）延尺系数 C，是指两坡屋面的坡度系数，实际是三角形的斜边与直角底边的比值，即

$$C = 斜长 / 直角底边 = 1/\cos\alpha \qquad (2.6.2)$$

$$斜长 = (A^2 + B^2)^{1/2} \qquad (2.6.3)$$

表 2.6.3   墙面防水、防潮（编码：010903）

项目编码	项目名称	项目特征	计量单位	工程量计算规则	工程内容
010903001	墙面卷材防水	1. 卷材品种、规格、厚度 2. 防水层数 3. 防水层做法	m²	按设计图示尺寸以面积计算	1. 基层处理 2. 刷粘结剂 3. 铺防水卷材 4. 接缝、嵌缝
010903002	墙面涂膜防水	1. 防水膜品种 2. 涂膜厚度、遍数 3. 增强材料种类			1. 基层处理 2. 刷基层处理剂 3. 铺布、喷涂防水层
010903003	墙面砂浆防水（防潮）	1. 防水层做法 2. 砂浆厚度、配合比 3. 钢丝网规格			1. 基层处理 2. 挂钢丝网片 3. 设置分格缝 4. 砂浆制作、运输、摊铺、养护
010903004	墙面变形缝	1. 嵌缝材料种类 2. 止水带材料种类 3. 盖缝材料 4. 防护材料种类	m	按设计图示以长度计算	1. 清缝 2. 填塞防水材料 3. 止水带安装 4. 盖缝制作、安装 5. 刷防护材料

表 2.6.4   楼（地）面防水、防潮（编码：010904）

项目编码	项目名称	项目特征	计量单位	工程量计算规则	工程内容
010904001	楼（地）面卷材防水	1. 卷材品种、规格、厚度 2. 防水层数 3. 防水层做法	m²	按设计图示尺寸以面积计算 1. 楼（地）面防水：按主墙间净空面积计算，扣除凸出地面的构筑物、设备基础等所占面积，不扣除间壁墙及单个面积≤0.3m² 柱、垛、烟囱和孔洞所占面积 2. 楼（地）面防水反边高度≤300mm 算作地面防水，反边高度＞300mm 算作墙面防水	1. 基层处理 2. 刷粘结剂 3. 铺防水卷材 4. 接缝、嵌缝
010904002	楼（地）面涂膜防水	1. 防水膜品种 2. 涂膜厚度、遍数 3. 增强材料种类			1. 基层处理 2. 刷基层处理剂 3. 铺布、喷涂防水层
010904003	楼（地）面砂浆防水（防潮）	1. 防水层做法 2. 砂浆厚度、配合比			1. 基层处理 2. 砂浆制作、运输、摊铺、养护
010904004	楼（地）面变形缝	1. 嵌缝材料种类 2. 止水带材料种类 3. 盖缝材料 4. 防护材料种类	m	按设计图示以长度计算	1. 清缝 2. 填塞防水材料 3. 止水带安装 4. 盖缝制作、安装 5. 刷防护材料

坡屋面示意图如图 2.6.1 所示。

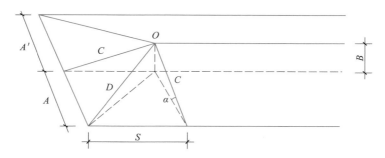

图 2.6.1　坡屋面示意图

注　1. 两坡排水屋面的面积为屋面水平投影面积乘以延尺系数 C。

　　2. 四坡排水屋面斜脊长度 $=A\times D$（当 $S=A$ 时）。

　　3. 两坡排水屋面的沿山墙泛水长度 $=A\times C$。

　　4. 坡屋面高度 $=B$。

（2）隔延尺系数 D，是指四坡屋面斜脊长度系数，实际是四坡排水屋面斜脊长度与直角底边的比值，即

$$D=\text{四坡排水屋面斜脊长度}/\text{直角底边}=1/\cos\alpha \qquad (2.6.4)$$

$$\text{四坡排水屋面斜脊长度}=(A^2+\text{斜长}^2)^{1/2}=A\times D \qquad (2.6.5)$$

延尺系数 C、隔延尺系数 D 见表 2.6.5。

表 2.6.5　　　　　　　　　　**屋 面 坡 度 系 数 表**

坡度			延尺系数 C	隔延尺系数 D
B/A（$A=1$）	高跨比 $B/2A$	角度 α	（$A=1$）	（$A=1$）
1	1/2	45°	1.4142	1.7321
0.75		36°52′	1.2500	1.6008
0.7		35°	1.2207	1.5779
0.666	1/3	33°40′	1.2015	1.5620
0.65		33°01′	1.1926	1.5564
0.60		30°58′	1.1662	1.5362
0.577		30°	1.1547	1.5270
0.55		28°49′	1.1413	1.5170
0.5	1/4	26°34′	1.1180	1.5000
0.45		24°14′	1.0966	1.4839
0.4	1/5	21°48′	1.0770	1.4697
0.35		19°17′	1.0594	1.4569
0.30		16°42′	1.0440	1.4457
0.25		14°02′	1.0308	1.4362
0.20	1/10	11°19′	1.0198	1.4283
0.15		8°32′	1.0112	1.4221
0.125		7°8′	1.0078	1.4191
0.100	1/20	5°42′	1.0050	1.4177
0.083		4°45′	1.0035	1.4166
0.066	1/30	3°49′	1.0022	1.4157

2.6.2.2　屋面防水及其他

屋面卷材防水、屋面涂膜防水按设计图示尺寸以面积计算，斜屋顶（不包括平屋顶找坡）按斜面积计算，平屋顶按水平投影面积计算；不扣除房上烟囱、风帽底座、风道、屋面小气窗和斜沟所占面积；屋面的女儿墙、伸缩缝和天窗等处的弯起部分，并入屋面工程量内。

【典型例题】

【例 2.6.1】　某建筑物坡屋面如图 2.6.2 所示，求四面坡水（坡度 $B/A=1/2$ 的黏土瓦屋面）屋面的工程量。

解：（1）清单工程量计算。

四面坡水屋面工程量为 ＝ （5.24 ＋ 0.8）×（30.24 ＋ 0.8）× 1.118 ＝ 209.60（m²）

（2）工程量清单编制。分部分项工程量清单（十四）见表 2.6.6。

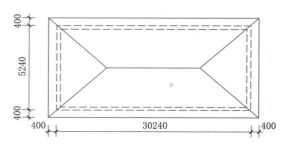

图 2.6.2　屋顶平面图

表 2.6.6　　　　　　　　**分部分项工程量清单（十四）**

序号	项目编码	项目名称	项目特征	计量单位	工程量
1	010901001001	瓦屋面	1. 瓦品种、规格：黏土瓦屋面	m²	209.60

任务 2.7　保温、隔热工程工程量清单编制

【学习目标】

（1）了解《计量规范》中保温、隔热工程的有关说明。

（2）掌握保温、隔热工程工程量计算规则及分部分项工程量清单的编制。

【相关知识】

2.7.1　保温、隔热工程清单规范有关说明

（1）温隔热装饰面层，按《计量规范》附录 K、L、M、N、O 中相关项目编码列项；仅做找平层按《计量规范》附录 L 中"平面砂浆找平层"或附录 M"立面砂浆找平层"项目编码列项。

（2）柱帽保温隔热应并入天棚保温隔热工程量内。

（3）池槽保温隔热应按其他保温隔热项目编码列项。

（4）保温隔热方式指内保温、外保温、夹心保温。

（5）保温柱、梁适用于不与墙、天棚相连的独立柱、梁。

2.7.2　保温、隔热工程清单项目及计量规则

保温、隔热工程工程量清单项目设置及工程量计算规则，应按表 2.7.1 的规定执行。

表 2.7.1　　　　　　　　　　　保温、隔热（编码：011001）

项目编码	项目名称	项目特征	计量单位	工程量计算规则	工程内容
011001001	保温隔热屋面	1. 保温隔热材料品种、规格、厚度 2. 隔气层材料品种、厚度 3. 粘结材料种类、做法 4. 防护材料种类、做法		按设计图示尺寸以面积计算。扣除面积＞0.3m²孔洞所占面积	1. 基层清理 2. 刷粘结材料 3. 铺粘保温层 4. 铺、刷（喷）防护材料
011001002	保温隔热天棚	1. 保温隔热面层材料品种、规格、性能 2. 保温隔热材料品种、规格、厚度 3. 粘结材料种类及做法 4. 防护材料种类及做法		按设计图示尺寸以面积计算。扣除面积＞0.3m²的柱、垛、孔洞所占面积，与天棚相连的梁按展开面积，计算并入天棚工程量内	
011001003	保温隔热墙面	1. 保温隔热部位 2. 保温隔热方式 3. 踢脚线、勒脚线保温做法 4. 龙骨材料品种、规格 5. 保温隔热面层材料品种、规格、性能 6. 保温隔热材料品种、规格 7. 增强网及抗裂防水砂浆种类 8. 粘结材料种类及做法 9. 防护材料种类及做法	m²	按设计图示尺寸以面积计算。扣除门窗洞口以及面积＞0.3m²的梁、孔洞所占面积；门窗洞口侧壁以及与墙相连的柱，并入保温墙体工程量内	1. 基层清理 2. 刷界面剂 3. 安装龙骨 4. 填贴保温材料 5. 保温板安装 6. 粘贴面层 7. 铺设增强格网、抹抗裂、防水砂浆面层 8. 嵌缝 9. 铺、刷（喷）防护材料
011001004	保温柱、梁			按设计图示尺寸以面积计算 1. 柱按设计图示柱断面保温层中心线展开长度乘以保温层高度以面积计算，扣除面积＞0.3m²的梁所占面积 2. 梁按设计图示梁断面保温层中心线展开长度乘以保温层长度以面积计算	
011001005	保温、隔热楼地面	1. 保温隔热部位 2. 保温隔热材料品种、规格、厚度 3. 隔气层材料品种、厚度 4. 粘结材料种类、做法 5. 防护材料种类、做法		按设计图示尺寸以面积计算。扣除面积＞0.3m²的柱、垛、孔洞所占面积．门洞、空圈、暖气包槽、壁龛的开口部分不增加面积	1. 基层清理 2. 刷粘结材料 3. 铺粘保温层 4. 铺、刷（喷）防护材料

【典型例题】

【例 2.7.1】　某冷藏工程室内（包括柱子）均用石油沥青粘贴 100mm 厚的聚苯乙烯泡沫塑料板，室内净高 3.6m。墙体轴线长度为 8000mm，墙厚均为 240mm，柱外围尺寸为 600mm×600mm，保温门为 800mm×2000mm，先铺顶棚、地面，后铺墙、柱面，保温门居内安装，洞口周围不需另铺保温材料。编制保温隔热顶棚、墙面、柱面、地面的工程量清单。

解：（1）清单工程量计算。

保温隔热顶棚工程量＝$(8.00-0.24)×(8.00-0.24)-0.36=58.86$（m²）

保温隔热墙面工程量＝$(8.00-0.24-0.10+8.00-0.24-0.10)×2×(3.6-0.10×2)-0.80×2=102.58$（m²）

保温隔热柱工程量＝$(0.60×4-4×0.10)×(3.6-0.10×2)=6.80$（m²）

地面保温隔热层工程量＝$(8.00-0.24)×(8.00-0.24)-0.36=58.86$（m²）

（2）工程量清单编制。分部分项工程量清单（十五）见表 2.7.2。

表 2.7.2　　　　　　　　　　　分部分项工程量清单（十五）

序号	项目编码	项目名称	项目特征	计量单位	工程量
1	011001002001	保温隔热天棚	1. 保温、隔热形式：混凝土板上铺贴 2. 材料品种、规格：100mm 厚的聚苯乙烯泡沫塑料板	m²	58.86
2	011001003001	保温隔热墙面	1. 保温、隔热形式：混凝土板上铺贴 2. 材料品种、规格：100mm 厚的聚苯乙烯泡沫塑料板	m²	102.58
3	011001004001	保温隔热柱	1. 保温、隔热形式：混凝土板上铺贴 2. 材料品种、规格：100mm 厚的聚苯乙烯泡沫塑料板	m²	6.80
4	011001005001	保温隔热楼地面	1. 保温、隔热形式：混凝土板上铺贴 2. 材料品种、规格：100mm 厚的聚苯乙烯泡沫塑料板	m²	58.86

任务 2.8　楼地面工程工程量清单编制

【学习目标】

（1）了解《计量规范》（GB 50854—2013）中楼地面工程的有关说明。

（2）掌握楼地面工程工程量计算规则及分部分项工程量清单的编制。

【相关知识】

2.8.1　楼地面工程清单规范说明

楼地面工程适用于楼地面、楼梯、台阶等装饰工程。主要包括整体面层及找平层、块料面层、橡塑面层、其他材料面层、踢脚线、楼梯面层、台阶装饰、零星装饰项目。

楼地面是楼面与地面的总称。楼地面一般由三部分组成：基层、垫层和面层。基层多为楼板，垫层是中间层，面层的做法很多（图 2.8.1 和图 2.8.2）。

2.8.2　楼地面工程清单项目及计量规则

2.8.2.1　整体面层及找平层

整体面层及找平层项目包括水泥砂浆楼地面、现浇水磨石楼地面、细石混凝土地面、菱苦土楼地面、自流坪楼地面和平面砂浆找平层 6 个清单项目，适用于楼面、地面所做的整体面层及找平层工程。

图 2.8.1　地面各构造层　　　　　图 2.8.2　楼面各构造层

整体面层工程量清单项目设置及工程量计算规则，应按表 2.8.1 的规定执行。

表 2.8.1　　　　　　　　　　　整体面层及找平层（编码：011101）

项目编码	项目名称	项目特征	计量单位	工程量计算规则	工程内容
011101001	水泥砂浆楼地面	1. 找平层厚度、砂浆配合比 2. 素水泥浆遍数 3. 面层厚度、砂浆配合比 4. 面层做法要求	m²	按设计图示尺寸以面积计算。扣除凸出地面构筑物、设备基础、室内铁道、地沟等所占面积，不扣除间壁墙及≤0.3m² 柱、垛、附墙烟囱及孔洞所占面积。门洞、空圈、暖气包槽、壁龛的开口部分不增加面积	1. 基层清理 2. 抹找平层 3. 抹面层 4. 材料运输
011101002	现浇水磨石楼地面	1. 找平层厚度、砂浆配合比 2. 面层厚度、水泥石子浆配合比 3. 嵌条材料种类、规格 4. 石子种类、规格、颜色 5. 颜料种类、颜色 6. 图案要求 7. 磨光、酸洗、打蜡要求			1. 基层清理 2. 抹找平层 3. 面层铺设 4. 嵌缝条安装 5. 磨光、酸洗、打蜡 6. 材料运输
011101003	细石混凝土地面	1. 找平层厚度、砂浆配合比 2. 面层厚度、混凝土强度等级			1. 基层清理 2. 抹找平层 3. 面层铺设 4. 材料运输
011101004	菱苦土楼地面	1. 找平层厚度、砂浆配合比 2. 面层厚度 3. 打蜡要求			1. 基层清理 2. 抹找平层 3. 面层铺设 4. 打蜡 5. 材料运输

续表

项目编码	项目名称	项目特征	计量单位	工程量计算规则	工程内容
011101005	自流坪楼地面	1. 找平层厚度、砂浆配合比 2. 界面剂材料种类 3. 中层漆材料种类、厚度 4. 面漆材料种类、厚度 5. 面层材料种类	m²	按设计图示尺寸以面积计算。扣除凸出地面构筑物、设备基础、室内铁道、地沟等所占面积，不扣除间壁墙及≤0.3m² 柱、垛、附墙烟囱及孔洞所占面积。门洞、空圈、暖气包槽、壁龛的开口部分不增加面积	1. 基层清理 2. 抹找平层 3. 涂界面剂 4. 涂刷中层漆 5. 打磨、吸尘 6. 镘自流平面漆（浆） 7. 拌合自流平浆料 8. 铺面层
011101006	平面砂浆找平层	找平层厚度、砂浆配合比		按设计图示尺寸以面积计算	1. 基层清理 2. 抹找平层 3. 材料运输

注 水泥砂浆面层处理是拉毛还是提浆压光，应在面层做法要求中描述。

2.8.2.2 块料面层

块料面层包括：大理石、花岗岩、彩釉砖、缸砖、陶瓷棉砖、木地板等。

块料面层项目包括石材楼地面、碎石材楼地面、块料楼地面 3 个清单项目，适用楼面、地面所做的块料面层工程。

块料面层工程量清单项目设置及工程量计算规则，应按表 2.8.2 的规定执行。

表 2.8.2 　　　　　　　　　　　**块料面层（编码：011102）**

项目编码	项目名称	项目特征	计量单位	工程量计算规则	工程内容
011102001	石材楼地面	1. 找平层厚度、砂浆配合比 2. 结合层厚度、砂浆配合比 3. 面层材料品种、规格、品牌、颜色 4. 嵌缝材料种类 5. 防护层材料种类 6. 酸洗、打蜡要求	m²	按设计图示尺寸以面积计算。门洞、空圈、暖气包槽、壁龛的开口部分并入相应的工程量中	1. 基层清理 2. 抹找平层 3. 面层铺设、磨边 4. 嵌缝 5. 刷防护材料 6. 酸洗、打蜡 7. 材料运输
011102002	碎石材楼地面				
011102003	块料楼地面				

2.8.2.3 橡塑面层

橡塑面层包括橡胶板楼地面、橡胶板卷材楼地面、塑料板楼地面、塑料卷材楼地面 4 个清单项目。

橡塑面层各清单项目适用于用黏结剂（如 CX401 胶等）粘贴橡塑楼面、地面面层工程。

橡塑面层工程量清单项目设置及工程量计算规则，应按表 2.8.3 的规定执行。

表 2.8.3　　　　　　　　　　　橡塑面层（编码：011103）

项目编码	项目名称	项目特征	计量单位	工程量计算规则	工程内容
011103001	橡胶板楼地面	1. 粘结层厚度、材料种类 2. 面层材料品种、规格、品牌、颜色 3. 压线条种类	m²	按设计图示尺寸以面积计算。门洞、空圈、暖气包槽、壁龛的开口部分并入相应的工程量内	1. 基层清理 2. 面层铺贴 3. 压缝条装钉 4. 材料运输
011103002	橡胶板卷材楼地面				
011103003	塑料板楼地面				
011103004	塑料卷材楼地面				

2.8.2.4　其他材料面层

其他材料面层包括：地毯楼地面，竹、木（复合）地板，金属复合地板，防静电活动地板 4 个清单项目。

其他材料面层工程量清单项目设置及工程量计算规则，应按表 2.8.4 的规定执行。

表 2.8.4　　　　　　　　　　　其他材料面层（编码：011104）

项目编码	项目名称	项目特征	计量单位	工程量计算规则	工程内容
011104001	地毯楼地面	1. 面层材料品种、规格、颜色 2. 防护材料种类 3. 粘结材料种类 4. 压线条种类	m²	按设计图示尺寸以面积计算。门洞、空圈、暖气包槽、壁龛的开口部分并入相应的工程量内	1. 基层清理 2. 铺贴面层 3. 刷防护材料 4. 装钉压条 5. 材料运输
011104002	竹、木（复合）地板	1. 龙骨材料种类、规格、铺设间距 2. 基层材料种类、规格 3. 面层材料品种、规格、颜色 4. 防护材料种类			1. 基层清理 2. 龙骨铺设 3. 基层铺设 4. 面层铺贴 5. 刷防护材料 6. 材料运输
011104003	金属复合地板				1. 清理基层、抹找平层 2. 铺设填充层 3. 固定支架安装 4. 活动面层安装 5. 刷防护材料 6. 材料运输
011104004	防静电活动地板	1. 支架高度、材料种类 2. 面层材料品种、规格、颜色 3. 防护材料种类			1. 基层清理 2. 固定支架安装 3. 活动面层安装 4. 刷防护材料 5. 材料运输

2.8.2.5 踢脚线

踢脚线包括水泥砂浆踢脚线、石材踢脚线、块料踢脚线、塑料板踢脚线、木质踢脚线、金属踢脚线、防静电踢脚线 7 个清单项目。

踢脚线工程量清单项目设置及工程量计算规则，应按表 2.8.5 的规定执行。

表 2.8.5　　　　　　　　　踢脚线（编码：011105）

项目编码	项目名称	项目特征	计量单位	工程量计算规则	工程内容
011105001	水泥砂浆踢脚线	1. 踢脚线高度 2. 底层厚度、砂浆配合比 3. 面层厚度、砂浆配合比	1. m² 2. m	1. 以平方米计量，按设计图示长度乘以高度以面积计算 2. 以米计量，按延长米计算	1. 基层清理 2. 底层和面层抹灰 3. 材料运输
011105002	石材踢脚线	1. 踢脚线高度 2. 粘贴层厚度、材料种类 3. 面层材料品种、规格、颜色 4. 防护材料种类			1. 基层清理 2. 底层抹灰 3. 面层铺贴、磨边 4. 擦缝 5. 磨光、酸洗、打蜡 6. 刷防护材料 7. 材料运输
011105003	块料踢脚线				
011105004	塑料板踢脚线	1. 踢脚线高度 2. 粘贴层厚度、材料种类 3. 面层材料种类、规格、颜色			1. 基层清理 2. 基层铺贴 3. 面层铺贴 4. 材料运输
011105005	木质踢脚线	1. 踢脚线高度 2. 基层材料种类、规格 3. 面层材料品种、规格、颜色			
011105006	金属踢脚线				
011105007	防静电踢脚线				

2.8.2.6 楼梯面层

楼梯面层包括石材楼梯面层、块料楼梯面层、拼碎块料面层、水泥砂浆楼梯面层、现浇水磨石楼梯面层、地毯楼梯面层、木板楼梯面层、橡胶板楼梯面层、塑料板楼梯面层 9 个清单项目。

楼梯装饰工程量清单项目设置及工程量计算规则，应按表 2.8.6 的规定执行。

2.8.2.7 台阶装饰

台阶装饰项目包括石材台阶面、块料台阶面、拼碎块料台阶面、水泥砂浆台阶面、现浇水磨石台阶面、剁假石台阶面 6 个清单项目。

台阶装饰工程量清单项目设置及工程量计算规则，应按表 2.8.7 的规定执行。

2.8.2.8 零星装饰项目

零星装饰项目包括石材零星项目、拼碎石材零星项目、块料零星项目、水泥砂浆零星项目。

零星装饰项目适用于小面积（0.5m² 以内）少量分散的楼地面装饰项目。

表 2.8.6　　　　　　　　　　　楼梯面层（编码：011106）

项目编码	项目名称	项目特征	计量单位	工程量计算规则	工程内容
011106001	石材楼梯面层	1. 找平层厚度、砂浆配合比 2. 粘结层厚度、材料种类 3. 面层材料品种、规格、颜色 4. 防滑条材料种类、规格 5. 勾缝材料种类 6. 防护材料种类 7. 酸洗、打蜡要求	m²	按设计图示尺寸以楼梯（包括踏步、休息平台及 500mm 以内的楼梯井）水平投影面积计算。楼梯与楼地面相连时，算至梯口梁内侧边沿；无梯口梁者，算至最上一层踏步边沿加 300mm	1. 基层清理 2. 抹找平层 3. 面层铺贴、磨边 4. 贴嵌防滑条 5. 勾缝 6. 刷防护材料 7. 酸洗、打蜡 8. 材料运输
011106002	块料楼梯面层				
011106003	拼碎块料面层				
011106004	水泥砂浆楼梯面层	1. 找平层厚度、砂浆配合比 2. 面层厚度、砂浆配合比 3. 防滑条材料种类、规格			1. 基层清理 2. 抹找平层 3. 抹面层 4. 抹防滑条 5. 材料运输
011106005	现浇水磨石楼梯面层	1. 找平层厚度、砂浆配合比 2. 面层厚度、水泥石子浆配合比 3. 防滑条材料种类、规格 4. 石子种类、规格、颜色 5. 颜料种类、颜色 6. 磨光、酸洗、打蜡要求			1. 基层清理 2. 抹找平层 3. 抹面层 4. 贴嵌防滑条 5. 磨光、酸洗、打蜡 6. 材料运输
011106006	地毯楼梯面层	1. 基层种类 2. 面层材料品种、规格、颜色 3. 防护材料种类 4. 粘结材料种类 5. 固定配件材料种类、规格			1. 基层清理 2. 铺贴面层 3. 固定配件安装 4. 刷防护材料 5. 材料运输
011106007	木板楼梯面层	1. 基层材料种类、规格 2. 面层材料品种、规格、颜色 3. 粘结材料种类 4. 防护材料种类			1. 基层清理 2. 基层铺贴 3. 面层铺贴 4. 刷防护材料 5. 材料运输
011106008	橡胶板楼梯面层	1. 粘结层厚度、材料种类 2. 面层材料品种、规格、颜色 3. 压线条种类			1. 基层清理 2. 面层铺贴 3. 压缝条装钉 4. 材料运输
011106009	塑料板楼梯面层				

表 2.8.7　　　　　　　　　　　台阶装饰（编码：011107）

项目编码	项目名称	项目特征	计量单位	工程量计算规则	工程内容
011107001	石材台阶面	1. 找平层厚度、砂浆配合比 2. 粘结材料种类 3. 面层材料品种、规格、颜色 4. 勾缝材料种类 5. 防滑条材料种类、规格 6. 防护材料种类	m²	按设计图示尺寸以台阶（包括最上层踏步边沿加 300mm）水平投影面积计算	1. 基层清理 2. 抹找平层 3. 面层铺贴 4. 贴嵌防滑条 5. 勾缝 6. 刷防护材料 7. 材料运输
011107002	块料台阶面				
011107003	拼碎块料台阶面				
011107004	水泥砂浆台阶面	1. 找平层厚度、砂浆配合比 2. 面层厚度、砂浆配合比 3. 防滑条材料种类			1. 基层清理 2. 抹找平层 3. 抹面层 4. 抹防滑条 5. 材料运输
011107005	现浇水磨石台阶面	1. 找平层厚度、砂浆配合比 2. 面层厚度、水泥石子砂浆配合比 3. 防滑条材料种类、规格 4. 石子种类、规格、颜色 5. 颜料种类、颜色 6. 磨光、酸洗、打蜡要求			1. 基层清理 2. 抹找平层 3. 抹面层 4. 贴嵌防滑条 5. 打磨、酸洗、打蜡 6. 材料运输
011107006	剁假石台阶面	1. 找平层厚度、砂浆配合比 2. 面层厚度、砂浆配合比 3. 剁假石要求			1. 基层清理 2. 抹找平层 3. 抹面层 4. 剁假石 5. 材料运输

注　1. 台阶面层与平台面层是同一种材料时，平台面层与台阶面层不可重复计算。当台阶计算最上一层踏步加 300mm 时，则平台面层中必须扣除该面积。如果平台与台阶以平台外沿为分界线，在台阶报价时，最上一步台阶的踢面应考虑在台阶的报价内。

　　2. 台阶侧面装饰不包括在台阶面层项目内，应按零星装饰项目编码列项。

　　零星装饰项目工程量清单项目设置及工程量计算规则，应按表 2.8.8 的规定执行。

表 2.8.8　　　　　　　　　　零星装饰项目（编码：011108）

项目编码	项目名称	项目特征	计量单位	工程量计算规则	工程内容
011108001	石材零星项目	1. 工程部位 2. 找平层厚度、砂浆配合比 3. 贴结合层厚度、材料种类 4. 面层材料品种、规格、颜色 5. 勾缝材料种类 6. 防护材料种类 7. 酸洗、打蜡要求	m²	按设计图示尺寸以面积计算	1. 清理基层 2. 抹找平层 3. 面层铺贴、磨边 4. 勾缝 5. 刷防护材料 6. 酸洗、打蜡 7. 材料运输
011108002	拼碎石材零星项目				
011108003	块料零星项目				
011108004	水泥砂浆零星项目	1. 工程部位 2. 找平层厚度、砂浆配合比 3. 面层厚度、砂浆厚度			1. 清理基层 2. 抹找平层 3. 抹面层 4. 材料运输

【典型例题】

【例 2.8.1】　图 2.8.3 所示为某建筑平面图，地面工程做法为：20mm 厚 1：2 水泥砂浆抹面压实抹光（面层）；刷素水泥浆结合层一道（结合层）；60mm 厚 C20 细石混凝土找坡层，最薄处 30mm 厚；聚氨酯涂膜防水层厚 1.5～1.8mm 防水层周边卷起 150mm；40mm 厚 C20 细石混凝土随打随抹平；150mm 厚 3：7 灰土垫层；素土夯实。试编制水泥砂浆地面工程量清单。

图 2.8.3　某建筑物平面示意图

解：（1）计算水泥砂浆地面工程量。

$$S=(3\times3-0.12\times2)\times(3\times2-0.12\times2)-1.2\times0.6=49.74\ (\text{m}^2)$$

（2）编制工程量清单。分部分项工程量清单（十六）见表 2.8.9。

表 2.8.9　　　　　　　　　　分部分项工程量清单（十六）

序号	项目编码	项目名称	项目特征	计量单位	工程量
1	011101001001	水泥砂浆楼地面	1. 20mm 厚 1：2 水泥砂浆抹面压实抹光（面层） 2. 刷素水泥浆结合层一道（结合层） 3. 60mm 厚 C20 细石混凝土找坡层，最薄处 30mm 厚 4. 聚氨酯涂膜防水层厚 1.5～1.8，防水层周边卷 150mm 5. 40mm 厚 C20 细石混凝土随打随抹平 6. 150mm 厚 3：7 灰土垫层	m²	49.50

【例 2.8.2】　图 2.8.4 所示为某建筑平面图，室内为水泥砂浆地面，踢脚线做法为 1：2 水泥砂浆踢脚线，厚度为 20mm，高度为 150mm。试编制水泥砂浆踢脚线工程量清单。

解：（1）计算工程量。

$$L=(3\times3-0.12\times2)\times2+(3\times2-0.12\times2-0.04)\times2-1.2+(0.24-0.08)\times1/2\times2+(0.3\times4+0.04\times2)\times2=30.48\ (\text{m})$$

$$S=30.48\times0.15=4.57\ (\text{m}^2)$$

（2）编制工程量清单。分部分项工程量清单（十七）见表 2.8.10。

表 2.8.10　　　　　　　　　　分部分项工程量清单（十七）

序号	项目编码	项目名称	计量单位	工程数量
1	011105001001	水泥砂浆踢脚线 20mm 厚 1：2 水泥砂浆踢脚线高 150mm	m²	4.57

【例 2.8.3】　如图 2.8.4 所示为楼梯贴花岗岩面层。其工程做法为：20mm 厚芝麻白磨光花岗岩（600mm×600mm）铺面；撒素水泥面（洒适量水）；30mm 厚 1∶4 干硬性水泥砂浆结合层；刷素水泥浆一道。试编制该项目工程量清单。

解：（1）计算工程量。楼梯井宽度为 250mm，小于 500mm，所以楼梯贴花岗岩面层的工程量为

$$S = (1.4 \times 2 + 0.25) \times (0.2 + 9 \times 0.28 + 1.37) = 12.47 \ (\text{m}^2)$$

（2）编制工程量清单。分部分项工程量清单（十八）见表 2.8.11。

图 2.8.4　楼梯平面示意图

表 2.8.11　　　　　　　　　　　　分部分项工程量清单（十八）

序号	项目编码	项目名称	项目特征	计量单位	工程量
1	011106001001	花岗岩楼梯面层	1. 20mm 厚芝麻白磨光花岗岩（600mm×600mm）铺面 2. 撒素水泥面（洒适量水） 3. 30mm 厚 1∶4 干硬性水泥砂浆结合层 4. 刷素水泥浆一遍	m²	12.47

图 2.8.5　台阶平面示意图

【例 2.8.4】　如图 2.8.5 所示为台阶贴花岗岩面层，其工程做法为：30mm 厚芝麻白机刨花岗岩（600mm×600mm）铺面，稀水泥浆擦缝；撒素水泥面（洒适量水）；30mm 厚 1∶4 干硬性水泥砂浆结合层，向外坡 1%；刷素水泥浆结合层一道；60mm 厚 C15 混凝土；150mm 厚 3∶7 灰土垫层；素土夯实。

试编制花岗岩台阶工程量清单。

解：（1）计算工程量。

$$S = 4.5 \times (0.3 \times 6 + 0.3) = 9.45 \ (\text{m}^2)$$

（2）编制工程量清单。分部分项工程量清单（十九）见表 2.8.12。

表 2.8.12　　　　　　　　　　　　分部分项工程量清单（十九）

序号	项目编码	项目名称	项目特征	计量单位	工程量
1	011107001001	花岗岩台阶	1. 30mm 厚芝麻白机刨花岗岩铺面，稀水泥擦缝 2. 撒素水泥面（洒适量水） 3. 30mm 厚 1∶4 干硬性水泥砂浆结合层，向外坡 1% 4. 刷素水泥浆结合层上道 5. 60mm 厚 C15 混凝土 6. 150mm 厚 3∶7 灰土垫层	m²	9.45

【自测训练】

1. 图 2.8.6 所示为某水泥砂浆平面台阶平面图，素土夯实；150mm 厚 3：7 灰土；60mm C20 细石混凝土，随打随磨。求：①水泥砂浆台阶清单工程量；②编制该水泥砂浆台阶工程量清单。

（a）平面图　　　　　　　　　　　　　（b）剖面图

图 2.8.6　台阶平面示意图

2. 图 2.8.7 所示为某工程楼面建筑平面图，设计楼面做法为：20mm 厚 1：3 水泥砂浆找平层；1：2 水泥细砂浆贴地面砖 600mm×600mm。求：①块料楼地面清单工程量；②编制该楼地面工程量清单。

图 2.8.7　水泥砂浆楼地面示意图

任务 2.9　墙、柱面工程工程量清单编制

【学习目标】

（1）了解《计量规范》（GB 50854—2013）中墙、柱面工程的有关说明。

（2）掌握墙、柱面工程工程量计算规则及分部分项工程量清单的编制。

【相关知识】

2.9.1　墙、柱面工程清单规范说明

　　隔墙：非承重墙的内墙，称为隔墙。作用：分隔房间。

　　隔断：分隔室内空间的装修构件。

　　幕墙：是墙体的一种装饰形式或方式，外墙面较多，如图 2.9.1 所示。

2.9.2　墙、柱面工程清单项目及计量规则

　　墙、柱面工程适用于一般抹灰、装饰抹灰工程，包括墙面抹灰、柱（梁）面抹灰、零星抹灰、墙面镶贴块料、柱（梁）面镶贴块料、镶贴零星块料，墙饰面、柱（梁）饰面、隔断、幕墙等工程项目。

图 2.9.1　玻璃幕墙

2.9.2.1　墙面抹灰

　　墙面抹灰包括墙面一般抹灰、墙面装饰抹灰、墙面勾缝、立面砂浆找平层 4 个清单项目。

　　墙面一般抹灰包括：石灰砂浆、水泥混合砂浆、水泥砂浆、聚合物水泥砂浆、膨胀珍珠岩水泥砂浆和麻刀灰、纸筋石灰、石膏灰等。

　　墙面装饰抹灰包括：水刷石、水磨石、斩假石（剁斧石）、干黏石、假面砖、拉条灰、拉毛灰、甩毛灰、喷毛灰、喷涂、滚涂、弹涂等。

　　墙面勾缝包括原浆勾缝（利用砌筑砌体的砂浆勾缝）和加浆勾缝（另用水泥砂浆勾缝）。

　　墙面抹灰工程量清单项目设置及工程量计算规则，应按表 2.9.1 的规定执行。

2.9.2.2　柱（梁）面抹灰

　　柱（梁）面抹灰包括柱、梁面一般抹灰，柱、梁面装饰抹灰，柱、梁面砂浆找平，柱面勾缝 4 个清单项目。

　　柱（梁）面抹灰工程量清单项目设置及工程量计算规则，应按表 2.9.2 的规定执行。

2.9.2.3　零星抹灰

　　零星项目抹灰包括零星项目一般抹灰、零星项目装饰抹灰和零星项目砂浆找平 3 个项目。

　　零星抹灰工程量清单项目设置及工程量计算规则，应按表 2.9.3 的规定执行。

2.9.2.4　墙面块料面层

　　墙面镶贴块料包括石材墙面、拼碎石材墙面、块料墙面和干挂石材钢骨架 4 个清单项目。

　　墙面镶贴块料工程量清单项目设置及工程量计算规则，应按表 2.9.4 的规定执行。

2.9.2.5　柱（梁）面镶贴块料

　　柱面（梁面）镶贴块料包括石材柱面、块料柱面、拼碎块柱面、石材梁面、块料梁面 5 个清单项目。

　　柱（梁）面镶贴块料工程量清单项目设置及工程量计算规则，应按表 2.9.5 的规定执行。

表 2.9.1 墙面抹灰（编码：011201）

项目编码	项目名称	项目特征	计量单位	工程量计算规则	工程内容
011201001	墙面一般抹灰	1. 墙体类型 2. 底层厚度、砂浆配合比 3. 面层厚度、砂浆配合比 4. 装饰面材料种类 5. 分格缝宽度、材料种类	m²	按设计图示尺寸以面积计算。扣除墙裙、门窗洞口及单个＞0.3m² 以外的孔洞面积，不扣除踢脚线、挂镜线和墙与构件交接处的面积，门窗洞口和孔洞的侧壁及顶面不增加面积。附墙柱、梁、垛、烟囱侧壁并入相应的墙面面积内 1. 外墙抹灰面积按外墙垂直投影面积计算 2. 外墙裙抹灰面积按其长度乘以高度计算 3. 内墙抹灰面积按主墙间的净长乘以高度计算 （1）无墙裙的，高度按室内楼地面至天棚底面计算 （2）有墙裙的，高度按墙裙顶至天棚底面计算 （3）有吊顶天棚抹灰，高度算至天棚底 4. 内墙裙抹灰面按内墙净长乘以高度计算	1. 基层清理 2. 砂浆制作、运输 3. 底层抹灰 4. 抹面层 5. 抹装饰面 6. 勾分格缝
011201002	墙面装饰抹灰				
011201003	墙面勾缝	1. 勾缝类型 2. 勾缝材料种类			1. 基层清理 2. 砂浆制作、运输 3. 勾缝
011201004	立面砂浆找平层				1. 基层清理 2. 砂浆制作、运输 3. 抹灰找平

注 1. 外墙抹灰面积按外墙垂直投影面积计算。外墙抹灰高度：有挑檐天沟，由室外设计地坪算至挑檐下皮；无挑檐天沟，由室外设计地坪算至压顶板下皮；坡顶屋面带檐口天棚者，由室外设计地坪算至檐口天棚下皮。
2. 立面砂浆找平项目适用于仅做找平层的立面抹灰。

表 2.9.2 柱（梁）面抹灰（编码：011202）

项目编码	项目名称	项目特征	计量单位	工程量计算规则	工程内容
011202001	柱、梁面一般抹灰	1. 柱（梁）体类型 2. 底层厚度、砂浆配合比 3. 面层厚度、砂浆配合比 4. 装饰面材料种类 5. 分格缝宽度、材料种类	m²	1. 柱面抹灰：按设计图示柱断面周长乘高度以面积计算 2. 梁面抹灰：按设计图示梁断面周长乘长度以面积计算	1. 基层清理 2. 砂浆制作、运输 3. 底层抹灰 4. 抹面层 5. 勾分格缝
011202002	柱、梁面装饰抹灰				
011202003	柱、梁面砂浆找平	1. 柱（梁）体类型 2. 找平的砂浆厚度、配合比			1. 基层清理 2. 砂浆制作、运输 3. 抹灰找平
011202004	柱面勾缝	1. 勾缝类型 2. 勾缝材料种类		按设计图示柱断面周长乘高度以面积计算	1. 基层清理 2. 砂浆制作、运输 3. 勾缝

表 2.9.3　　　　　　　　　　零星抹灰（编码：011203）

项目编码	项目名称	项目特征	计量单位	工程量计算规则	工程内容
011203001	零星项目一般抹灰	1. 基层类型、部位 2. 底层厚度、砂浆配合比 3. 面层厚度、砂浆配合比 4. 装饰面材料种类 5. 分格缝宽度、材料种类	m²	按设计图示尺寸以面积计算	1. 基层清理 2. 砂浆制作、运输 3. 底层抹灰 4. 抹面层 5. 抹装饰面 6. 勾分格缝
011203002	零星项目装饰抹灰				
011203003	零星项目砂浆找平	1. 基层类型、部位 2. 找平的砂浆厚度、配合比			1. 基层清理 2. 砂浆制作、运输 3. 抹灰找平

表 2.9.4　　　　　　　　　　墙面块料面层（编码：011204）

项目编码	项目名称	项目特征	计量单位	工程量计算规则	工程内容
011204001	石材墙面	1. 墙体类型 2. 安装方式 3. 面层材料品种、规格、颜色 4. 缝宽、嵌缝材料种类 5. 防护材料种类 6. 磨光、酸洗、打蜡要求	m²	按镶贴表面积计算	1. 基层清理 2. 砂浆制作、运输 3. 粘结层铺贴 4. 面层安装 5. 嵌缝 6. 刷防护材料 7. 磨光、酸洗、打蜡
011204002	拼碎石材墙面				
011204003	块料墙面				
011204004	干挂石材钢骨架	1. 骨架种类、规格 2. 防锈漆品种遍数	t	按设计图示以质量计算	1. 骨架制作、运输、安装 2. 刷漆

注　1. 在描述碎块项目的面层材料特征时可不用描述规格、颜色。

　　2. 石材、块料与粘结材料的结合面刷防渗材料的种类在防护层材料种类中描述。

　　3. 安装方式可描述为砂浆或粘结剂粘贴、挂贴、干挂等，不论哪种安装方式，都要详细描述与组价相关的内容。

表 2.9.5　　　　　　　　　　柱（梁）面镶贴块料（编码：011205）

项目编码	项目名称	项目特征	计量单位	工程量计算规则	工程内容
011205001	石材柱面	1. 柱截面类型、尺寸 2. 安装方式 3. 面层材料品种、规格、颜色 4. 缝宽、嵌缝材料种类 5. 防护材料种类 6. 磨光、酸洗、打蜡要求	m²	按镶贴表面积计算	1. 基层清理 2. 砂浆制作、运输 3. 粘结层铺贴 4. 面层安装 5. 嵌缝 6. 刷防护材料 7. 磨光、酸洗、打蜡
011205002	块料柱面				
011205003	拼碎块柱面				
011205004	石材梁面	1. 安装方式 2. 面层材料品种、规格、颜色 3. 缝宽、嵌缝材料种类 4. 防护材料种类 5. 磨光、酸洗、打蜡要求			
011205005	块料梁面				

2.9.2.6　镶贴零星块料

镶贴零星块料包括石材零星项目、块料零星项目、拼碎块零星项目 3 个清单项目。

镶贴零星块料工程量清单项目设置及工程量计算规则，应按表 2.9.6 的规定执行。

表 2.9.6　　　　　　　　　　　**镶贴零星块料（编码：011206）**

项目编码	项目名称	项目特征	计量单位	工程量计算规则	工程内容
011206001	石材零星项目	1. 基层类型、部位 2. 安装方式 3. 面层材料品种、规格、颜色 4. 缝宽、嵌缝材料种类 5. 防护材料种类 6. 磨光、酸洗、打蜡要求	m²	按镶贴表面积计算	1. 基层清理 2. 砂浆制作、运输 3. 面层安装 4. 嵌缝 5. 刷防护材料 6. 磨光、酸洗、打蜡
011206002	块料零星项目				
011206003	拼碎块零星项目				

2.9.2.7　墙饰面

墙饰面包括墙面装饰板、墙面装饰浮雕 2 个清单项目。墙饰面适用于金属饰面板、塑料饰面板、木质饰面板、软包带衬板饰面等装饰板墙面。

墙饰面工程量清单项目设置及工程量计算规则，应按表 2.9.7 的规定执行。

表 2.9.7　　　　　　　　　　　**墙饰面（编码：011207）**

项目编码	项目名称	项目特征	计量单位	工程量计算规则	工程内容
011207001	墙面装饰板	1. 龙骨材料种类、规格、中距 2. 隔离层材料种类、规格 3. 基层材料种类、规格 4. 面层材料品种、规格、品牌、颜色 5. 压条材料种类、规格	m²	按设计图示墙净长乘以净高以面积计算。扣除门窗洞口及单个大于 0.3m² 的孔洞所占面积	1. 基层清理 2. 龙骨制作、运输、安装 3. 钉隔离层 4. 基层铺钉 5. 面层铺贴
011207002	墙面装饰浮雕	1. 基层类型 2. 浮雕材料种类 3. 浮雕样式	m²	按设计图示尺寸以面积计算	1. 基层清理 2. 材料制作、运输 3. 安装成型

2.9.2.8　柱（梁）饰面

柱（梁）面装饰项目适用于除了石材、块料装饰柱、梁面的装饰项目，包括柱（梁）面装饰、成品装饰柱 2 个清单项目。

柱（梁）饰面工程量清单项目设置及工程量计算规则，应按表表 2.9.8 的规定执行。

2.9.2.9　幕墙工程

幕墙包括带骨架幕墙和全玻（无框玻璃）幕墙 2 个清单项目。

幕墙工程量清单项目设置及工程量计算规则，应按表2.9.9的规定执行。

表2.9.8　　　　　　　　柱（梁）饰面（编码：011208）

项目编码	项目名称	项目特征	计量单位	工程量计算规则	工程内容
011208001	柱（梁）面装饰	1. 龙骨材料种类、规格、中距 2. 隔离层材料种类 3. 基层材料种类、规格 4. 面层材料品种、规格、颜色 5. 压条材料种类、规格	m²	按设计图示饰面外围尺寸以面积计算。柱帽、柱墩并入相应柱饰面工程量内	1. 基层清理 2. 龙骨制作、运输、安装 3. 钉隔离层 4. 基层铺钉 5. 面层铺贴
011208002	成品装饰柱	1. 柱截面、高度尺寸 2. 柱材质	1. 根 2. m²	1. 以根计量，按设计数量计算 2. 以米计量，按设计长度计算	柱运输、固定、安装

表2.9.9　　　　　　　　幕墙工程（编码：011209）

项目编码	项目名称	项目特征	计量单位	工程量计算规则	工程内容
011209001	带骨架幕墙	1. 骨架材料种类、规格、中距 2. 面层材料品种、规格、颜色 3. 面层固定方式 4. 隔离带、框边封闭材料品种、规格 5. 嵌缝、塞口材料种类	m²	按设计图示框外围尺寸以面积计算。与幕墙同种材质的窗所占面积不扣除	1. 骨架制作、运输、安装 2. 面层安装 3. 隔离带、框边封闭 4. 嵌缝、塞口 5. 清洗
011209002	全玻（无框玻璃）幕墙	1. 玻璃品种、规格、颜色 2. 粘结塞口材料种类 3. 固定方式		按设计图示尺寸以面积计算，带肋全玻幕墙按展开面积计算	1. 幕墙安装 2. 嵌缝、塞口 3. 清洗

2.9.2.10　隔断

隔断包括木隔断、金属隔断、玻璃隔断、塑料隔断、成品隔断、其他隔断6个清单项目。

隔断工程量清单项目设置及工程量计算规则，应按表2.9.10的规定执行。

表 2.9.10 隔断（编码：011210）

项目编码	项目名称	项目特征	计量单位	工程量计算规则	工程内容
011210001	木隔断	1. 骨架、边框材料种类、规格 2. 隔板材料品种、规格、颜色 3. 嵌缝、塞口材料品种 4. 压条材料种类	m²	按设计图示框外围尺寸以面积计算。不扣除单个≤0.3m²的孔洞所占面积；浴厕门的材质与隔断相同时，门的面积并入隔断面积内	1. 骨架及边框制作、运输、安装 2. 隔板制作、运输、安装 3. 嵌缝、塞口 4. 装钉压条
011210002	金属隔断	1. 骨架、边框材料种类、规格 2. 隔板材料品种、规格、颜色 3. 嵌缝、塞口材料品种			1. 骨架及边框制作、运输、安装 2. 隔板制作、运输、安装 3. 嵌缝、塞口
011210003	玻璃隔断	1. 边框材料种类、规格 2. 玻璃品种、规格、颜色 3. 嵌缝、塞口材料品种		按设计图示框外围尺寸以面积计算。不扣除单个≤0.3m²的孔洞所占面积	1. 边框制作、运输、安装 2. 玻璃制作、运输、安装 3. 嵌缝、塞口
011210004	塑料隔断	1. 边框材料种类、规格 2. 隔板材料品种、规格、颜色 3. 嵌缝、塞口材料品种			1. 骨架及边框制作、运输、安装 2. 隔板制作、运输、安装 3. 嵌缝、塞口
011210005	成品隔断	1. 隔板材料品种、规格、颜色 2. 配件品种、规格	1. m² 2. 间	1. 以平方米计量，按设计图示框外围尺寸以面积计算 2. 以间计量，按设计间的数量计算	1. 隔板运输、安装 2. 嵌缝、塞口
011210006	其他隔断	1. 骨架、边框材料种类、规格 2. 隔板材料品种、规格、颜色 3. 嵌缝、塞口材料品种	m²	按设计图示框外围尺寸以面积计算。不扣除单个≤0.3m²的孔洞所占面积	1. 骨架及边框安装 2. 隔板安装 3. 嵌缝、塞口

注 隔断上的门窗可包括在隔断项目报价内，也可单独编码列项，要在清单项目名称栏中进行描述，若门窗包括在隔断项目报价内，则门窗洞口面积不扣除。

【典型例题】

【例 2.9.1】 如图 2.9.3 所示为建筑平面图，窗洞口尺寸均为 1500mm×1800mm，门洞口尺寸为 120mm×2400mm，室内地面至天棚底面净高为 3.2m，内墙采用水泥砂浆抹灰（无墙裙），具体工程做法为：喷乳胶漆二遍；5mm 厚 1：0.3：2.5 水泥石膏砂浆抹面压实抹光；13mm 厚 1：1：6 水泥石膏砂浆打底扫毛；砖墙。试编制内墙面抹灰工程工程量清单。

解：（1）计算内墙抹灰工程量。

$$S=[(9-0.24+6-0.24)×2×3.2-1.5×1.8×5-1.2×2.4]=76.55(m²)$$

（2）编制工程量清单。分部分项工程量清单（二十）见表 2.9.11。

表 2.9.11　　　　　　　　　　　分部分项工程量清单（二十）

序号	项目编码	项目名称	项目特征	计量单位	工程量
1	011201001001	墙面一般抹灰	1. 喷乳胶漆二遍 2. 5mm 厚 1：0.3：2.5 水泥石膏砂浆抹面压实抹光 3. 13mm 厚 1：1：6 水泥石膏砂浆打底扫毛	m²	76.55

【自测训练】

1. 某变电室，外墙尺寸如图 2.9.2 所示，门窗洞口为：M＝1500×2000，C1＝1500×1500，C2＝1200×800，门窗侧边取 80mm，外墙用 1：2 水泥砂浆粘贴规格 194mm×94mm 瓷质外墙砖，灰缝 5mm。求：①外墙砖清单工程量；②编制该外墙砖工程量清单。

（a）建筑平面示意图　　　　　　　　　　（b）外立面示意图

图 2.9.2　某变电室图

2. 住宅楼一层住户平面如图 2.9.3 所示。地面做法：300 厚的 3：7 灰土垫层，60 厚的 C15 细石混凝土找平层，20 厚 1：3 水泥砂浆面层。试编制整体面层工程量清单。

图 2.9.3　某住宅一层平面图

任务 2.10　天棚工程工程量清单编制

【学习目标】

（1）了解《计量规范》（GB 50854—2013）中天棚工程的有关说明。

（2）掌握天棚工程工程量计算规则及分部分项工程量清单的编制。

【相关知识】

2.10.1　天棚工程清单规范说明

2.10.1.1　相关概念

1. 天棚

室内空间的顶界面。

2. 吊顶

悬挂于楼板或者屋盖承重结构下表面的顶棚，吊顶即为吊在顶面上的另一个顶面，一般采用扣板或石膏板，起到遮挡管道或者制作造型之用。

2.10.1.2　天棚类型

1. 直接式

在楼板地面直接进行喷浆、抹灰、粘贴面砖等饰面材料形成的顶棚。

2. 悬挂式

在顶棚的装饰表面与屋面板、楼板等之间留有一定的距离，利用这部分空间布置各种管道和设备。悬挂式顶棚一般由基层、面层、吊筋三大基本部分组成。

2.10.2　天棚工程清单项目及计量规则

天棚工程适用于天棚装饰工程。天棚工程主要包括天棚抹灰、天棚吊顶、采光天棚、天棚其他装饰等项目。

2.10.2.1　天棚抹灰

天棚抹灰适用于在各种基层（混凝土现浇板、预制板、木板条等）上的抹灰工程，包括天棚抹灰1个清单项目。

天棚抹灰工程量清单项目设置及工程量计算规则，应按表 2.10.1 的规定执行。

表 2.10.1　　　　　　　　　　天棚抹灰（编码：011301）

项目编码	项目名称	项目特征	计量单位	工程量计算规则	工程内容
011301001	天棚抹灰	1. 基层类型 2. 抹灰厚度、材料种类 3. 砂浆配合比	m²	按设计图示尺寸以水平投影面积计算。不扣除间壁墙、垛、柱、附墙烟囱、检查口和管道所占的面积，带梁天棚的梁两侧抹灰面积并入天棚面积内，板式楼梯底面抹灰按斜面积计算，锯齿形楼梯底板抹灰按展开面积计算	1. 基层清理 2. 底层抹灰 3. 抹面层

2.10.2.2 天棚吊顶

天棚吊顶项目包括吊顶天棚、格栅吊顶、吊筒吊顶、藤条造型悬挂吊顶、织物软雕吊顶、装饰网架吊顶。

天棚吊顶工程量清单项目设置及工程量计算规则，应按表2.10.2的规定执行。

表 2.10.2　　　　　　　　　　天棚吊顶（编码：011302）

项目编码	项目名称	项目特征	计量单位	工程量计算规则	工程内容
011302001	吊顶天棚	1. 吊顶形式、吊杆规格、高度 2. 龙骨材料种类、规格、中距 3. 基层材料种类、规格 4. 面层材料品种、规格、颜色 5. 压条材料种类、规格 6. 嵌缝材料种类 7. 防护材料种类	m²	按设计图示尺寸以水平投影面积计算。天棚面中的灯槽及跌级、锯齿形、吊挂式、藻井式天棚面积不展开计算。不扣除间壁墙、检查口、附墙烟囱、柱垛和管道所占面积，扣除单个＞0.3m²孔洞、独立柱及与天棚相连的窗帘盒所占的面积	1. 基层清理、吊杆安装 2. 龙骨安装 3. 基层板铺贴 4. 面层铺贴 5. 嵌缝 6. 刷防护材料
011302002	格栅吊顶	1. 龙骨材料种类、规格、中距 2. 基层材料种类、规格 3. 面层材料品种、规格 4. 防护材料种类			1. 基层清理 2. 安装龙骨 3. 基层板铺贴 4. 面层铺贴 5. 刷防护材料
011302003	吊筒吊顶	1. 吊筒形状、规格 2. 吊筒材料种类 3. 防护材料种类		按设计图示尺寸以水平投影面积计算	1. 基层清理 2. 吊筒制作安装 3. 刷防护材料
011302004	藤条造型悬挂吊顶	1. 骨架材料种类、规格 2. 面层材料品种、规格			1. 基层清理 2. 龙骨安装 3. 铺贴面层
011302005	织物软雕吊顶				
011302006	装饰网架吊顶	网架材料品种、规格			1. 基层清理 2. 网架制作安装

吊顶形式是指平面、跌级、锯齿形、阶梯形、吊挂式、藻井式以及矩形、弧形、拱形等形式，如图2.10.1所示；应在清单项目中进行描述。

平面：是指吊顶面层在同一平面上的天棚。

跌级：是指形状比较简单、不带灯槽、一个空间只有一个"凸"或"凹"形状的天棚。

基层材料：是指底板或面层背后的加强材料。

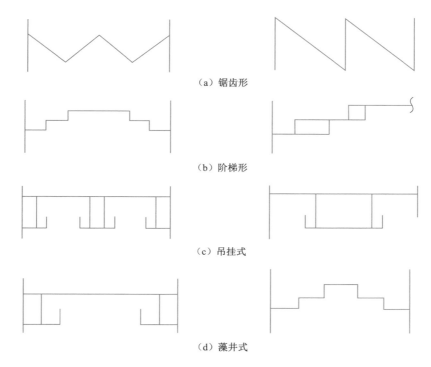

（a）锯齿形

（b）阶梯形

（c）吊挂式

（d）藻井式

图 2.10.1 天棚吊顶形式示意图

面层材料的品种是指石膏板（包括装饰石膏板、纸面石膏板、吸声穿孔石膏板、嵌装式装饰石膏板等）、埃特板、装饰吸声罩面板［包括矿棉装饰吸声板、贴塑矿（岩）棉吸声板、膨胀珍珠岩石装饰吸声板、玻璃棉装饰吸声板等］、塑料装饰罩面板［钙塑泡沫装饰吸声板、聚苯乙烯泡沫塑料装饰吸声板（聚氯乙烯塑料天花板等）］、纤维水泥加压板（包括穿孔吸声石棉水泥板、轻质硅酸钙吊顶板等）、金属装饰板（包括铝合金罩面板、金属微孔吸声板、铝合金单体构件等）、木质饰板（胶合板、薄板、板条、水泥木丝板、刨花板等）、玻璃饰面（包括镜面玻璃、镭射玻璃等）。

注意：在同一个工程中如果龙骨材料种类、规格、中距有所不同，或者虽然龙骨材料种类、规格、中距相同，但基层或面层材料的品种、规格、品牌不同，都应分别编码列项。

天棚的检查孔，天棚内的检修走道、灯槽等应包括在报价内。

采光天棚和天棚设置保温、隔热、吸声层时，按工程量清单相关项目编码列项。

2.10.2.3 采光天棚

采光天棚项目包括采光天棚 1 个项目。

天棚吊顶工程量清单项目设置及工程量计算规则，应按表 2.10.3 的规定执行。

2.10.2.4 天棚其他装饰

天棚其他装饰项目包括灯带（槽）、送风口和回风口 2 个清单项目。

天棚其他装饰工程量清单项目设置及工程量计算规则，应按表 2.10.4 的规定执行。

表 2.10.3　　　　　　　　　　　采光天棚（编码：011303）

项目编码	项目名称	项目特征	计量单位	工程量计算规则	工程内容
011303001	采光天棚	1. 骨架类型 2. 固定类型、固定材料品种、规格 3. 面层材料品种、规格 4. 嵌缝、塞口材料种类	m²	按框外围展开面积计算	1. 清理基层 2. 面层制作、安装 3. 嵌缝、塞口 4. 清洗

表 2.10.4　　　　　　　　　　天棚其他装饰（编码：011304）

项目编码	项目名称	项目特征	计量单位	工程量计算规则	工程内容
011304001	灯带（槽）	1. 灯带型式、尺寸 2. 格栅片材料品种、规格、品牌、颜色 3. 安装固定方式	m²	按设计图示尺寸以框外围面积计算	安装、固定
011304002	送风口、回风口	1. 风口材料品种、规格、品牌、颜色 2. 安装固定方式 3. 防护材料种类	个	按设计图示数量计算	1. 安装、固定 2. 刷防护材料

【典型例题】

【例 2.10.1】　　如图 2.8.4 所示的建筑物平面示意图，设计采用纸面石膏板吊顶天棚，具体工程做法为：刮腻子喷乳胶漆两遍；纸面石膏板规格为 1200mm×800mm×6mm；U 形轻钢龙骨；钢筋吊杆；钢筋混凝土楼板。试编制纸面石膏板天棚工程量清单。

解：（1）计算天棚吊顶工程量。

$$S=(3×3-0.12×2)×(3×2-0.12×2)=50.46 （m²）$$

（2）编制工程量清单。分部分项工程量清单（二十一）见表 2.10.5。

表 2.10.5　　　　　　　　　　分部分项工程量清单（二十一）

序号	项目编码	项目名称	项目特征	计量单位	工程数量
1	011302001001	天棚吊顶	1. 刮腻子喷乳胶漆二遍 2. 纸面石膏板规格为 1200mm×800mm×6mm 3. U 形轻钢龙骨 4. 钢筋吊杆 5. 钢筋混凝土楼板	m²	50.46

【自测训练】

1. 如图 2.10.2 所示，现浇板厚 100mm，顶棚抹灰的工程做法：6mm 厚的 1∶2.5 水泥砂浆抹面；8mm 厚的 1∶3 水泥砂浆打底；刷素水泥浆一道；现浇混凝土板。求：①顶棚抹灰清单工程量；②编制该顶棚抹灰工程量清单。

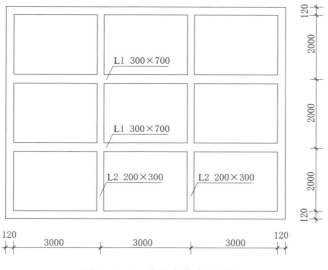

图 2.10.2 某现浇井字梁顶棚

任务 2.11 基于 BIM 技术的算量软件应用

【学习目标】

本任务通过品茗 BIM 算量软件完成钢筋、土建工程量的计算及清单编制。

【相关知识】

2.11.1 前期准备

在应用 BIM 软件进行项目建模与出量前，需对图纸进行分析，掌握工程概况、工程设计说明等信息。图纸信息识读准确与否决定了项目建立的精确性。

工程操作流程：新建工程→工程设置→选择楼层→定义构件属性→布置、编辑构件→套清单定额→工程量计算→报表输出。

2.11.2 工程设置

工程设置包括工程信息、钢筋规范、楼层管理、搭接形式、箍筋属性、计算规则、计算设置、钢筋比重 8 项内容，需根据工程概况、工程设计说明等资料一一设置，如图 2.11.1 所示。

注意：品茗 BIM 软件可随意调整切换清单定额库和钢筋规范，不影响建模文件。

2.11.3 楼层表识别

品茗 BIM 算量软件依托 CAD 平台实现，图纸可直接复制到软件页面。

点击【识别楼层】命令，框选对应的楼层表，在【楼层表】界面进行楼层信息转化。楼层识别后需对结构特征项进行设置，将混凝土等级、保护层厚度和纵筋搭接率等信息根据图纸进行调整，如图 2.11.2 所示。

注意：调整过的工程设置需进行工程应用，如图 2.11.3 所示。

图 2.11.1 工程设置

图 2.11.2 识别楼层表

2.11.4 轴网创建

点击【转化轴网】命令，分别提取 CAD 轴网中的轴线层和轴符层；点击【应用到工程】，楼层全选并单击确定，完成多楼层轴网转化，如图 2.11.4 所示。

2.11.5 柱创建

2.11.5.1 转化钢筋符号

如软件未能正常识别钢筋符号，可通过转化钢筋符号实现钢筋符号替换。

图 2.11.3 工程应用

图 2.11.4 转化轴网

点击【转换钢筋符号】命令，出现【转换钢筋级别符号】界面，在图中提取钢筋原符号，并设置替换的钢筋级别，点击确定完成钢筋符号转换，如图 2.11.5 所示。

2.11.5.2 柱配筋转化

点击【柱配筋转化】命令，在【柱配筋提取】界面，分别提取柱名称与钢筋标注层、柱边线层、钢筋线层等，如图 2.11.6 所示。

当软件默认的柱识别符无图纸柱状标注符号时，可在该界面中点击【柱识别符】命令，增加或者修改构件及构件名称，使其与图纸匹配。

在柱配筋转化过程中，如配筋有错误，需要在配筋信息列根据提示进行配筋调整。单

图 2.11.5　转换钢筋符号

图 2.11.6　柱配筋转化

击对应柱名称，软件会自动锁定到对应柱图，如图 2.11.7 所示。

图 2.11.7　柱钢筋调整

2.11.5.3　转化柱状构件

柱转配筋完成转换后，进行柱转化。点击【转化柱状构件】命令，在【识别柱】界面分别提取标注层与边线层，如图 2.11.8 所示。

图 2.11.8　转化柱状构件

如无标注柱状构件需要转化成其他柱状构件，则在缺省类型下拉找到对于构件名称即可。

转化后，软件可自动进行柱识别审核，如有错误，会在识别审核页面弹出问题窗口，如图 2.11.9 所示。

图 2.11.9　柱状构件识别审核

2.11.6　梁

2.11.6.1　转化梁

点击【转化梁】命令，在【转化梁】界面分别提取梁集中标注、原位标注、边线。其中梁识别设置同柱状构件识别符设置，如图 2.11.10 所示。

软件可实现梁集中标注、原位标注同时转化，对于多根梁，仅存在一处原位标注的情况，可实现同梁一键自动智能匹配，如图 2.11.11 所示。

2.11.6.2　梁识别审核和转化梁信息核查

梁转化完成后，软件能对转化的梁进行识别，核查梁信息。如某一梁有问题，识别审核对话框跳出相应提示，根据实际情况对构件进行更改。

如梁跨度等信息提取有误，可点击【编辑支座】命令，在图中选中对应梁构件，点击支座位置进行支座编辑。

2.11.6.3　梁腰筋

点击【梁腰筋表】命令，根据结构图纸要求，设置对应的梁高、梁宽及配筋信息，应用到腰筋表，如图 2.11.12 所示。

注意：通过腰筋表布置上的腰筋作为对集中和原位标注中腰筋的补充，不会替换原集中和原位标注的腰筋设置。

图 2.11.10　转化梁

图 2.11.11　自动智能匹配梁标注

图 2.11.12　腰筋表

2.11.6.4　吊筋

点击【识别吊筋】命令，分别提取标注层与边线层，点击确定完成吊筋提取，如图 2.11.13 所示。

图 2.11.13　识别吊筋

注意：只存在梁附加箍筋时，可在属性栏中将其吊筋根数调整为 0，仅保留箍筋。

2.11.7　板

2.11.7.1　板和板筋转化

点击【转化板筋】命令，在【转化板及板筋】界面，分别提取标注信息与边线信息。通过转化板筋命令，实现板筋和板构件同时转化，对局部板转换不到位，通过替换功能进行替换，如图 2.11.14 所示。

图 2.11.14　转化板及板筋

　　注意：若在此命令前，已布置部分板，则可以勾选【直接使用当前图中板构件】。

2.11.7.2　板筋识别审核和板筋区域查看

　　完成板筋转化后，软件可对已转化的板筋进行识别，核查板筋信息。根据软件提示，核实信息进行调整，如图 2.11.15 所示。

图 2.11.15　板筋识别审核

因板筋较多，部分板筋调整不到位，可能导致出现钢筋多布、漏布、数量错误等情况。因此经过上述调整后，可通过【查看板筋区域】命令，实现板筋的二次审核。

　　点击【底筋】中的【查看板筋区域】命令，软件自动分析，并根据颜色提示布筋存在的问题，如图 2.11.16 所示。如其中红色板提示板筋布置过多，紫色板提示只有单向板筋。

图 2.11.16　查看板筋区域

　　在多板布置的情况下，板筋自动识别每跨的起始边线，实现单板布置和多板布置，避免了因布置情况不一致而导致钢筋量的出入，如图 2.11.17 所示。

图 2.11.17　面筋布置

以图 2.11.17 为例，其中板筋根数：$(3.2-0.2-0.2)/0.2+1=15$，$(4.0-0.2-0.2)/0.2+1=19$，$(5-0.2-0.2)/0.2+1=24$，合计 58 根。

2.11.7.3 撑筋布置

点击【撑筋】命令，在【选择截面】界面，进行信息修改布置。软件提供多种撑筋式样，可根据项目进行选择，如图 2.11.18 所示。

图 2.11.18 撑筋布置

2.11.8 楼梯

楼梯钢筋可采用单构件和图形布置两种方式计算。以图形法为例，一层楼梯为一个梯段，二～四层楼梯由梯段、梯梁、梯板、梯柱组合。楼梯布置时，先对楼梯大样进行设计缩放，实现 1：1 比例，再根据结构图纸里的梯段、梯梁、梯板、梯柱等参数，选择对应类型新建构件，如图 2.11.19 所示。

图 2.11.19 梯板截面

通过单构件查量，可以查看梯板配筋明细，如图 2.11.20 所示。

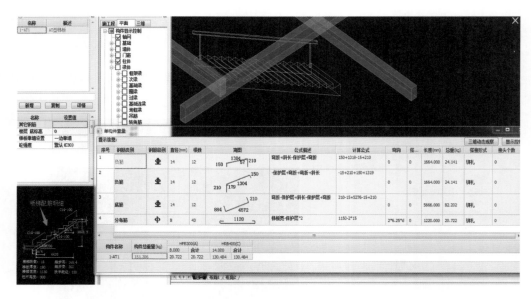

图 2.11.20 梯板配筋明细

在大样图上布置楼梯梯段的时候需注意插入点和靠墙边线，软件提示的插入点即为梯段顶边位置及靠墙侧。在布置第二跑楼梯时，注意梯段底标高调整为 1500mm，同时梯梁、梯板、梯柱的标高也对应调整，如图 2.11.21 所示。

图 2.11.21 楼梯区域三维显示

2.11.9　栏板

点击【栏板】命令，在【选择截面】界面选择对应的截面及截面配筋进行布置，如图 2.11.22 所示。

图 2.11.22　栏板截面详图

2.11.10　节点

点击【节点】命令，在【选择截面】界面，选择匹配的截面。同时通过节点属性栏中全部纵筋和其他钢筋编辑配筋。其中其他钢筋可以通过提取钢筋命令，提取钢筋长度，省去钢筋图号的选择及手工输入钢筋长度的步骤，如图 2.11.23 所示。

图 2.11.23　节点详图

注意：一般节点详图多为其他比例，在自动提取配筋时，需要通过工具栏下的【缩放设计图】命令将图形比例调整为1：1。

对于异形节点，可通过【选择截面】中自定义截面命令，提取 CAD 图层来实现，如图 2.11.24 所示。

图 2.11.24 节点截面详图

2.11.11 基础

2.11.11.1 承台

点击【CAD 转化】中【转化柱状构件】命令，分别提取标注与边线信息，并根据承台大样图调整高度和配筋信息，如图 2.11.25 和图 2.11.26 所示。

注意：设计图纸里承台下部筋无弯钩，所以要将下部钢筋弯折长度调整为 0。

2.11.11.2 桩

点击基础下的【其他桩】命令，根据图纸信息调整桩长和配筋信息，如图 2.11.27 所示。

对于预制方桩，桩按成品购入则不需要进行钢筋计算，直接对截面、长度等参数设置，如图 2.11.28 所示。

注意：桩随承台调高命令，软件默认桩嵌入承台内的高度是 50mm，需根据实际工程对应更改。

2.11.12 门窗和墙体转化

在转化墙体前，需进行门窗表转化：点击菜单栏 CAD 转换里的【转换门窗表】命令，在图中框选门窗表所有信息（门窗名称、高度、宽度），如图 2.11.29 所示。

图 2.11.25　承台截面详图

图 2.11.26　节点钢筋详图

图 2.11.27　其他桩

图 2.11.28　桩详图

图 2.11.29　门窗表转化

门窗墙体转化同剪力墙转化，因砌体墙体和门窗一起转换，所以需同时提取墙体边线层、门窗标注与边线层，如图 2.11.30 所示。

图 2.11.30　墙门窗转化

飘窗尺寸无法通过门窗表转换，需手工选择截面输入参数，并在属性栏【其他钢筋】内进行钢筋信息添加，如图 2.11.31 所示。完成属性定义后，点击【飘窗下布门窗洞】命令进行飘窗的布置。

图 2.11.31　飘窗属性设置

　　由结构图纸可知，墙体是贯通拉结筋，需在墙构件属性内输入 2A6@500 的拉结筋，如图 2.11.32 所示。

图 2.11.32　墙体拉结筋设置

2.11.13　二次结构

2.11.13.1　构造柱

点击【构造柱】下的【自动生成】命令，框选需要布置构造柱的砌体墙，实现对本层二次构造柱的自动布置。构造柱布置多样，可以根据门洞宽度，墙体间距等多种情况布置，如图 2.11.33 所示。

图 2.11.33　自动布置构造柱

2.11.13.2　过梁

根据结构设计说明，在【过梁】下新建过梁构件，并分别设置中过梁尺寸、单边搁置长度、配筋等信息。

点击【自动生成】，在【自动生成过梁】界面将不同的洞口宽度匹配上不同的过梁，同时框选需要布置的门窗，如图 2.11.34 所示。

图 2.11.34　自动生成过梁

软件自动会分析门窗顶同框架梁的空间，门窗顶紧贴梁底或空间小于过梁高度时，则软件按不需要布置过梁处理。对于相邻重合的过梁，可以通过过梁搁置进行搁置长度的调整。

2.11.13.3　窗台板

新建窗台构件及配筋，点击【布窗台】命令，框选所有窗户，软件自动布置上窗台，且窗台高度随窗底标高，如图 2.11.35 所示。

图 2.11.35　窗台布置

2.11.13.4　素混凝土翻边

素混凝土翻边可按填充墙构件布置，并根据厚度与名称命名如"200—翻边"。完成新建后点击【画填充墙】命令进行绘制，如图 2.11.36 所示。

图 2.11.36　素混凝土翻边绘制

2.11.13.5　圈梁

在【圈梁】下新建圈梁构件，设置随墙厚矩形断面并输入配筋设置。

软件提供多种圈梁布置方式，此处可选墙布置。点击【选墙布置】，在图中选择需要布置圈梁的墙体，智能生成圈梁，如图 2.11.37 所示。

图 2.11.37　圈梁布置

注意：随墙厚的圈梁不能自由绘制，布置圈梁前，需要将砌体墙布置完毕。

2.11.14　装饰

2.11.14.1　房间饰面

根据建筑设计说明中的装饰做法，分别定义楼地面、内墙面、天棚、踢脚，并将构件定义到相应房间，如图 2.11.38 所示。

图 2.11.38　房间定义

定义装饰构件命名时，可将装饰部位命名在构件名称内，如"内墙 1－客厅、卧室、书房、餐厅、卫生间、坡屋面"，其中客厅、卧室、书房、餐厅、卫生间、坡屋面是内墙 1 布置的部位，可方便房间做法定义和后期复查。

点击房间下的【点选布置】命令，布置房间饰面。

注意：卫生间、厨房间等房间常常同其他房间存在连通情况，需要采用绘制 0 墙进行分割处理，或者在点选布置房间的时候，将梁构件显示出，使梁承担分割线的功能。

如楼地面有防水面层，可点击【查看防水高度】命令，对每条边线设置防水高度，如图 2.11.39 所示。

图 2.11.39　设置防水高度

针对砌体墙未伸入混凝土体结构，导致墙体不闭合的情况，软件能自动捕捉砌体墙同混凝土体结构闭合。在布置楼梯间的饰面时需注意，楼梯间天棚和地面是由楼梯和楼层平台组合而成，所以这两个部位饰面要分开布置。

对于局部未形成房间的空间，其中的楼地面、天棚、墙面等装饰，可以通过构件的自由、矩形绘制等命令进行布置。

2.11.14.2　外墙饰面

点击【生成外墙外边线】，生成外墙线。在【外墙面】界面新建外墙饰面构件，点击【外墙装饰】命令，进行外饰面墙布置，如图 2.11.40 所示。局部无法通过自动布置外墙饰面的时候，可以通过绘制装饰等其他方式进行布置。

品著 BIM 软件外墙饰面提供贴图材质设置，使建模三维外墙立面更加逼真形象，如图 2.11.41 所示。

2.11.14.3　单梁饰面

饰面一般依托墙柱体布置，但在实际工程中阳台、屋面构架等无墙柱体部位的饰面也比较常见。

如在布置阳台天棚饰面时，饰面布置到梁的外边线，这时候梁外立面面积计算到天棚工程量内，但在实际工程里，梁外立面是外墙涂料。可点击单梁装饰构件【单跨布置】命令，选中需要布置的梁，即可解决独立梁的饰面问题，如图 2.11.42 所示。

图 2.11.40　外墙装饰绘制

图 2.11.41　外墙饰面材质

图 2.11.42　单梁装饰布置

2.11.14.4　屋面防水

屋面防水布置有自由绘制、随板布置等方式，同时可对每条边设置起卷高度，如图 2.11.43 所示。如平屋面，即可采用矩形布置命令，起卷高度通过屋面构件里的【屋面起圈】命令，设置起卷高度。

图 2.11.43　屋面起圈设置

2.11.15　土方

不同构件、不同深度挖土计算规则不一样，如承台和基础梁土方即可定义为两个项目，即承台挖土方和基础梁挖土方，如图 2.11.44 所示。

点击大开挖土方构件里的【随构件生成】，依次选择独基承台、地框梁生成。土方构件属性栏里工作面宽按计算规则规定设置为 300mm 即可。

图 2.11.44　土方开挖设置

2.11.16　各个构件工程量计取

2.11.16.1　构件定额提量和实物量解析

在工程设置页面选择算量模式时，软件已默认对每个计算项目匹配一定的清单或定额。在后期套取清单定额时，只需对【构件属性定义】界面内的计算项目调整清单定额即可。

对于实物量方面，可点击工具栏下的【实物量计算规则维护】，根据需要对一些计算项目进行增减，如图 2.11.45 所示。如需要计算挑檐构件的长度，则复制一项计算项目，并对项目名称、单位、计算规则等内容进行调整。

图 2.11.45　实物量计算规则维护

2.11.16.2　柱工程量

柱工程量按高度乘以截面面积计算；柱模板面积工程量按柱周长乘以高度，同时扣减梁、板等其他构件相交面积计算。

柱同剪力墙相连的暗柱、柱按2018版《安徽省建设工程计价定额》规定，并入剪力墙内。

注意：当支模高度超过3.6m时需计算模板的超高费，对于超高量，软件已提供计算项目，只需要套一个定额即可。

2.11.16.3　混凝土墙工程量

混凝土墙工程量按高度乘以长度乘以厚度并扣除门窗洞等构件工程量计算。其中墙高按基础顶面（或楼板上表面）至上一层楼板上表面计算；平行嵌入墙上的梁不论凸出与否，均并入墙内计算。

墙模板工程量按混凝土与模板接触面的面积计量，应扣除构件平行交接及0.3m²以上构件垂直交接处的面积。混凝土墙工程量计算公式如图2.11.46所示。

图2.11.46　混凝土墙工程量计算公式

2.11.16.4　梁工程量

梁工程量按长度乘以截面面积计算，扣除墙、混凝土工程量。

梁模板工程量按混凝土与模板接触面的面积以平方米计算，应扣除构件平行交接及0.3m²以上构件垂直交接处的面积。梁工程计算公式如图2.11.47所示。

对于斜梁模板工程量需与平梁工程量分开计取，可在斜梁的模板定额名称后添加一个"斜"字或者输入"角度值"。

定额名称后备注特殊文字来区分工程量的方法，可以应用于任何构件上。

图 2.11.47　梁工程量计算公式

注意：如梁属于组合楼梯构件，则此部分的梁的混凝土不能计算混凝土和模板量，梁的工程量应并入楼梯内。

2.11.16.5　板工程量

板工程量按墙、梁净距面积乘以厚度计算；板上单独浇筑素混凝土按圈梁计算，无梁板柱帽并入板内计算。

板模板工程量按混凝土与模板接触面的面积以平方米计算，应扣除构件平行交接及 $0.3m^2$ 以上构件垂直交接处的面积。

对于斜板模板工程量需与平板工程量分开计取，区分的方法同梁。板工程量计算公式如图 2.11.48 所示。

图 2.11.48　板工程量计算公式

2.11.16.6　空调板工程量

空调板工程量按挑出墙（梁）部分体积计算，外挑牛腿（挑梁）、台口梁高度小于

250mm 的翻沿均合并在阳台、雨篷内计算。

模板按阳台、雨篷梁挑梁及台口梁外侧面范围的水平投影面积计算，阳台栏板、雨篷翻沿高度超过 250mm 的全部翻沿另行按栏板、翻沿计算。空调板工程量计算公式如图2.11.49 所示。

图 2.11.49　空调板工程量计算公式

注意：软件最终报表中工程量汇总表根据同一清单/定额编号和名称，自动汇总计算。如其中一个或者多个不一致，工程量不能自动汇总。

2.11.16.7　楼梯工程量

楼梯工程量按水平投影面积计算；工程量包括休息平台、平台梁、楼梯段、楼梯与楼面板连接的梁，无梁连接时，算至最上一级踏步沿加 30cm 处。不扣除宽度小于 50cm 的楼梯井，伸入墙内部分不另行计算；但与楼梯休息平台脱离的平台梁按梁或圈梁计算。

楼梯模板、地坪饰面均按水平投影面积计算。楼梯工程量计算公式如图 2.11.50所示。

图 2.11.50　楼梯工程量计算公式

注意：楼梯可采用面构件绘制，在面构件楼梯构件属性定义里，套相应清单定额，这里也可以直接套一个定额，重复利用在混凝土、模板、楼梯地坪分项的工程量上，如图 2.11.51 所示。

图 2.11.51　楼梯定额套取

2.11.16.8　栏板工程量

栏板工程量按实体体积计算；栏板模板按接触面计算，需要注意栏板端部模板量需要计算；栏板饰面工程按实际面积工程量计算。栏板工程量计算公式如图 2.11.52 所示。

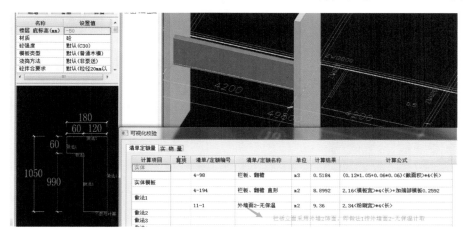

图 2.11.52　栏板工程量计算公式

2.11.16.9　节点工程量

节点、模板工程量并入相连柱墙梁板构件内，工程量按实际计算。

凸出的线条模板增加费以凸出棱线的倒数不同分别按延长米计算，两条及多条线条相互之间净距小于 100mm 以内的，每两条线条按一条计算工程量。

凸出的线条抹灰增加费以凸出棱线的道数不同分别按延长米计算，两条及多条线条相互之间净距 100mm 以内的，每两条线条计算工程量。

节点工程量计算公式如图 2.11.53 所示。

2.11.16.10　檐沟工程量

檐沟工程量按长度乘以截面面积计算，檐沟模板工程量按混凝土接触面面积计算，檐沟抹灰按长度计算。檐沟工程量计算公式如图 2.11.54 所示。

图 2.11.53 节点工程量计算公式

图 2.11.54 檐沟工程量计算公式

2.11.16.11 二次结构工程量

构造柱、过梁、圈梁，混凝土和模板按实际计算，扣除柱、梁、墙、板等构件工程量。其中构造柱、过梁计算公式如图 2.11.55、图 2.11.56 所示。

窗台板、压顶等构件按小型构件计算，混凝土和模板按实际计算，扣除柱、梁、墙、板等构件工程量。其中窗台板工程量计算公式如图 2.11.57 所示。

2018 版《安徽省建设工程计价定额》规定素混凝土翻边单独浇筑按圈梁计算，混凝土和模板按实际计算，扣除柱、梁、墙、板等构件工程量。

注意：2018 版《安徽省建设工程计价定额》规定，二次结构模板都不存在超高模板的情况。

图 2.11.55　构造柱工程量计算公式

图 2.11.56　过梁工程量计算公式

图 2.11.57　窗台板工程量计算公式

2.11.16.12 砌体工程量

砌体工程量按长乘以宽乘以高计算，扣减门窗洞梁板柱混凝土等构件体积，但是顶层和标准层砌筑砂浆等级不一致，顶层砌筑砂浆 DM7.5，标准层砌筑砂浆等级 DM5.0，在套取定额时需区分开。砌体工程量计算公式如图 2.11.58 所示。

图 2.11.58　砌体工程量计算公式

为方便计量，可将名称直接定义成内/外墙＋厚度，如果有必要可以再备注部位。如位于顶层 200 厚的外墙，可命名为"外墙，200，顶"。

一般混凝土同墙体交界处布置玻璃纤维网，一般为 300mm 宽。玻璃纤维网计取通过内外墙玻璃纤维网片计算项目，调整玻璃纤维网搭接长度，如图 2.11.59 所示。需要注意，对于外墙玻璃纤维网，需要先布置外墙边线。

图 2.11.59　砌体构件属性定义

在计算钢丝网、玻璃纤维网时，需特别注意楼梯间、公共逃生通道，国家相关文件规定此部位内墙抹灰的时候需要满铺钢丝网，则这部分的钢丝网的工程量通过此部位的抹灰工程量来计取。

注意：2018 版《安徽省建设工程计价定额》规定柔性材料嵌缝定额包括了二侧嵌缝所需量，则只要计算单侧长度，如规定是单侧消耗量，则需要计算二侧长度。

2.11.16.13　门窗工程量

门窗工程量按设计门窗洞口面积计算或按门窗樘计算。其中一樘门窗里的固定窗、推拉门窗、平开门窗后期分开计算。门窗工程量计算公式如图 2.11.60 所示。门窗构件属性定义如图 2.11.61 所示。

计算项目	计	清单/定额	清单/定额名称	单位	计算数量	计算公式
实体						
		13-1	C-5	樘	1	1
		10-1	锌钢栏杆，飘窗，300	m	1.5	1.5
		15-65	塑料线条安装	m	6.2	(1.9+0.6*2)*2
上挑板实体						
		4-96	雨蓬	m3	0.114	(0.05+0.55)<上挑板宽>*(0.05+1.8+0.05)<上挑板长>*0.1<上挑板厚>
		4-193	全悬挑阳台、雨蓬（投影面积）	m2	1.14	(0.05+0.55)<上挑板宽>*(0.05+1.8+0.05)<上挑板长>
下挑板实体						
		4-96	雨蓬	m3	0.114	(0.05+0.55)<下挑板宽>*(0.05+1.8+0.05)<下挑板长>*0.1<下挑板厚>
		4-193	全悬挑阳台、雨蓬（投影面积）	m2	1.14	(0.05+0.55)<下挑板宽>*(0.05+1.8+0.05)<下挑板长>
侧板实体						
上挑板上表面粉						
		11-1	外墙面1-有保温	m2	1.14	(0.05+0.55)<上挑板宽>*(0.05+1.8+0.05)<上挑板长>
上挑板下表面粉						
		12-1	顶棚4-坡屋面、飘窗	m2	0.99	0.55<上挑板窗内宽>*1.8<上挑板窗内长>
下挑板上表面粉						
		10-1	楼面4-室内飘窗板上表面	m2	1.29	0.55<下挑板窗内宽>*1.8<下挑板窗内长>+1.5<墙洞宽>*0.2<墙厚>
下挑板下表面粉						
		11-1	外墙面1-有保温	m2	1.14	(0.05+0.55)<下挑板宽>*(0.05+1.8+0.05)<下挑板长>
上、下挑板侧面粉						
		11-1	外墙面1-有保温	m2	0.92	(0.1<上挑板厚>+0.1<下挑板厚>)*3.1<挑板侧面长>+2*0.05<粉刷宽>*3<粉刷长>
侧板外表面粉刷						
侧板内表面粉刷						
窗内部墙面粉刷						
		11-1	内墙面1-厨房,厕所,客厅、卧	m2	0.6	(1.8*2)<窗内墙面积>-(1.5*2)<墙洞面积>
墙洞壁粉刷						
		11-1	内墙面1-厨房,厕所,客厅、卧	m2	1.1	(2*(1.5+2)<墙洞壁周长>-1.5<底边长>)*0.2<墙厚>
窗帘盒						
简子板						

图 2.11.60　门窗工程量计算公式

飘窗板混凝土、模板、饰面、窗、护窗栏杆等工程，通过一个飘窗构件，套不同定额，实现所需量的计算提取。

护窗栏杆长度同洞口宽度一致，可以直接利用实体项目套取栏杆定额，在【计算值】下输入洞口值。

如飘窗内墙饰面分两种饰面，从低至高为外墙饰面、内墙饰面、外墙饰面。当采用外墙饰面布置时，可通过飘窗侧板内墙面反扣实现。

2.11.16.14　地面工程量

整体面层楼地面按设计图示尺寸以面积计算，应扣除凸出地面的构筑物、设备基础、室内管道、地沟等所占面积，不扣除间壁墙及 0.3m 以内柱、垛、附墙烟囱及孔洞所占面积，但门洞、空圈的开口部分也不增加。

防水涂料面积按实铺面积计算。地面工程量计算公式如图 2.11.62 所示。

图 2.11.61 门窗构件属性定义

图 2.11.62 地面工程量计算公式

注意：在套取装饰清单定额时，需区别基层量、面层量和防水面层量，此三者的计算规则不一致，得出的量也不相同，如图 2.11.63 所示。

图 2.11.63　地面构件属性定义

2.11.16.15　墙面工程量

墙面抹灰基层按设计图示尺寸以面积计算，及长度乘以高度，扣除墙裙、门窗洞口及单个 0.3m 以外的孔洞面积，不扣除踢脚线、装饰线以及墙与构件交接处的面积，门窗洞口和孔洞的侧壁及顶面不增加面积。附墙柱、梁、垛、烟囱侧壁并入相应的墙面面积内。

墙面饰面面层按设计图示尺寸以面积计算，即长度乘以高度，扣除墙裙、门窗洞口及单个 0.3m 以外的孔洞面积，扣除踢脚线、装饰线以及墙与构件交接处的面积，门窗洞口和孔洞的侧壁及顶面增加面积。附墙柱、梁、垛、烟囱侧壁并入相应的墙面面积内。

墙面工程量计算公式如图 2.11.64 所示。

图 2.11.64　墙面工程量计算公式

以外墙保温饰面构件为例。在基层项套"墙面 1—保温饰面"定额，在面层项套"墙面 1—保温饰面"定额，如图 2.11.65 所示。

图 2.11.65　墙面构件属性定义

对于一面墙体不同标高有多种饰面，软件可以通过套多个定额，并在附加尺寸调整起始和计算高度，无需多次绘制，如图 2.11.66 所示。

图 2.11.66　附加尺寸设置

2.11.16.16　天棚工程量

天棚抹灰面积，按设计图示尺寸以水平投影面积计算。不扣除间壁墙、垛、柱、附墙烟囱、检查口和管道所占的面积，带梁天棚梁两侧抹灰面积并入天棚面积内，板式楼梯底部抹灰按斜面面积计算。

天棚涂料面积按设计图示尺寸以面积计算。天棚工程量计算公式如图 2.11.67 所示。

如顶棚做法：腻子两道；界面剂一道，做法则均属于面层的计算规则，不存在基层量，则面层定额命名"顶棚 1—客厅、卧室、书房、餐厅、厨房、卫生间"，如图 2.11.68 所示。

对于单梁饰面，在实项科套"外墙面 2—无保温"定额，计算单梁立面饰面，同时套"顶棚 3—阳台、空调板"定额，将 A 值调整为 $-A$ 进行工程量的反扣，如图 2.11.69 所示。

2.11.16.17　屋面工程量

刚性屋面按设计图示面积计算，屋面防水面积按按实铺面积计算，一般性屋面上翻高度 250mm 以上，小于 500mm 上翻工程量并入平面防水面积量。屋面工程量计算公式如图 2.11.70 所示。

图 2.11.67 天棚工程量计算公式

图 2.11.68 天棚构件属性定义

图 2.11.69 单梁饰面定额套取

图 2.11.70 屋面工程量计算公式

注意：在计算防水卷材量的时候，对于附加层是否需要额外计算，则看各省份定额，看防水卷材工作内容和消耗量是否包括了这一块内容。如2018版《安徽省建设工程计价定额》规定，防水卷材定额不包括附加层工程量，附加层的工程量需要额外计算。

2.11.16.18 基础工程量

承台混凝土浇捣工程量均按图示尺寸以实体积计算，即长乘以宽乘以厚度。承台模板混凝土与模板接触面的面积，即周长乘以高。

垫层混凝土浇捣工程量均按图示尺寸以实体积计算，即长乘以宽乘以厚度。垫层模板混凝土与模板接触面的面积，即垫层周长乘以高度。

基础工程量计算公式如图 2.11.71 所示。

图 2.11.71 基础工程量计算公式

2.11.16.19 桩工程量

预制方桩工程量按设计桩长乘以截面积计算，送桩工程量按送桩长度乘以截面面积，其中送桩长度按设计桩顶标高至打桩前自然地坪标高另加 0.5m。桩工程量计算公式如图 2.11.72 所示。

图 2.11.72　桩工程量计算公式

当承台底有多种标高，导致送桩长度多种。可通过【桩顶标高随承台调高】命令，快速实现因桩顶标高不一致导致送桩长度计算不便的问题。

2.11.16.20　土方工程量

土方的开挖和回填，布置一个土方构件，实现土方开挖和回填两个量的提取。对于一些浅基础，采用护坡围护，对支护边坡采用挂钢丝网喷混凝土工艺。软件依旧可以用土方构件里土方支护项，快速计算不同边坡消耗的钢筋、混凝土、锚固等工程量。在土方计算时，对于干土和湿土需要分别计算，并且某些地方政策性规定需计算土方处置费。

土方工程量计算公式如图 2.11.73 所示。

图 2.11.73　土方工程量计算公式

注意：在进行土方提量的时候，需要注意定额与清单量的区别。定额是实体量，计算的时候需要将放坡系数计算进去。

以地框梁土方构件为例：地框梁挖土方构件，在挖土方和回填土定额后备注上地框梁字符，如果有需要，可以备注开挖深度等信息。在回填土的时候需要注意，在附加尺寸回填高度调整为自然地坪标高，如图 2.11.74 所示。

图 2.11.74 土方构件属性定义

2.11.17 工程检查

2.11.17.1 合法性检查

点击【工程量】下的【合法性检查】命令，在土建与钢筋界面下，可分别对土建与钢筋模型进行合法性检查复核，如图 2.11.75 所示。

图 2.11.75 合法性检查

2.11.17.2 云检查

点击【工程量】下的【云检查】命令（图 2.11.76），实现多重检查，保证结果精准。云检测依托建筑规范，可以在编制预算控制价的时候，发现一些工程设计错误，省去后期设计变动的困扰。

2.11.18 工程量计算与报表输出

2.11.18.1 工程量计算

钢筋量计算：点击功能栏下【工程量】中的钢筋量计算，筛选需要计算的构件，点击确定完成汇总计算，如图 2.11.77 所示。

土建量计算：点击功能栏下【工程量】中的清单定额量/实物量计算，筛选需要计算的构件，点击确定完成汇总计算，如图 2.11.78 所示。

图 2.11.76 云检查

图 2.11.77 钢筋工程量计算

图 2.11.78 土建工程量计算

2.11.18.2 报表输出

钢筋报表：根据需要提取所需要的报表，例如钢筋级别直径汇总表、接头汇总表等，如图 2.11.79 所示。

土建报表：指定楼层构件工程量报表提取。如在实际工程浇筑混凝土时需预估混凝土用量，便于报量。

报表反查：报表反查可以实现对某一个楼层内一个构件的反查，可以做到追本溯源的功效，如图 2.11.80 所示。

图 2.11.79　钢筋级别直径汇总表

图 2.11.80　报表反查

项目3　工程量清单计价

任务3.1　工程量清单计价文件的编制要求

【学习目标】

(1) 了解工程计价的基本模式。

(2) 掌握工程量清单计价的基本过程和方法。

(3) 了解招标控制价和投标报价文件的编制要求。

【相关知识】

3.1.1　工程计价概述

3.1.1.1　工程计价的概念

工程计价就是计算和确定建设项目的工程造价，也称工程估价。具体是指工程造价人员在项目实施的各个阶段，根据各个阶段的不同要求，遵循计价原则和程序，采用科学的计价方法，对投资项目最可能实现的合理价格做出科学的计算，从而确定投资项目的工程造价，编制工程造价的经济文件。

3.1.1.2　工程计价的特征

1. 计价的单价性

工程建设产品生产的单件性，决定了其计价的单件性。每个工程建设产品都有专门的用途，都是根据业主的要求进行单独设计并在指定的地点建造的，其结构、造型和装饰、体积和面积、所采用的工艺设备和建筑材料等各不相同。因此，建设工程就不能像工业产品那样按品种、规格、质量成批地定价，只能通过特殊的程序（编制估算、概算、预算、合同价、结算价及最后确定决算价格），就各个工程项目计算工程造价，即单件计价。

2. 计价的多次性

建设项目建设周期长、规模大、造价高，因此建设程序要分阶段进行。为满足工程建设过程中不同计价者（业主、咨询方、设计方和施工方）各阶段工程造价管理的需要，就必须在不同阶段多次进行工程造价的计算，以保证工程造价的准确性和有效性。多次性计价是个逐步深化、细化和接近实际造价的过程。其计价过程如图3.1.1所示。

从投资估算、设计概算、施工图预算到招投标合同价，再到工程的结算价和最后在结算价基础上编制的竣工决算，整个计价过程是一个由粗到细、由浅到深，最后确定建设工程实际造价的过程。计价过程各环节之间相互衔接，前者制约后者，后者补充前者。

3. 计价的组合性

工程造价的计算是分部组合而成的，这一特征和建设项目的组合性有关。一个建设项目是一个工程综合体。这个综合体可以分解为许多有内在联系的独立和不能独立的工程。从计价和工程管理的角度，分部分项工程还可以分解。由此可以看出，建设项目的这种组

图 3.1.1　工程多次性计价过程示意图

合性决定了计价的过程是一个逐步组合的过程。这一特征在计算概算造价和预算造价时尤为明显，同时也反映到合同价和结算价中。其计价程序是：分部分项工程费用→单位工程造价→单项工程造价→建设项目总造价。

4. 方法的多样性

工程造价的多次性计价有不同的计价依据，对造价的精确度要求也不相同，这就决定了计价方法有多样性的特征。如计算概、预算造价的方法有单价法和实物法等，计算投资估算的方法有设备系数法、生产能力指数估算法等。不同的方法利弊不同，适应条件也不同，计价时要根据具体情况加以选择。

5. 依据的复杂性

由于影响造价的因素多，所以计价依据的种类也多，主要可以分为以下 7 类。

（1）计算设备和工程量的依据。

（2）计算人工、材料、机械等实物消耗量的依据。

（3）计算工程单价的依据。

（4）计算设备单价的依据。

（5）计算其他费用的依据。

（6）政府规定的税、费依据。

（7）物价指数和工程造价指数依据。

依据的复杂性不仅使计算过程复杂，而且要求计价人员能熟悉各类依据，并加以正确应用。

3.1.1.3　工程计价的基本方法与模式

1. 工程计价的基本方法

工程计价的形式和方法有多种，各不相同，但工程计价的基本过程和原理是相同的。如果仅从工程费用计算角度分析，工程计价的顺序是：分部分项工程费用→单位工程造价→单项工程造价→建设项目总造价。

影响工程造价的主要因素是两个，即基本的构造要素的单位价格和基本构造要素的实物工程数量，可用下列基本计算式表达：

$$工程造价 = \sum (实物工程量 \times 单位价格) \tag{3.1.1}$$

基本子项的单位价格高，工程造价就高；基本子项的实物工程数量越大，工程造价也就越大。

在进行工程造价计价时，实物工程量的计量单位是由单位价格的计量单位决定的。如果单位价格计量单位的对象取得较大，得到的工程估算就较粗，反之则工程估算较细较准确。基本子项的工程实物量可以通过工程量计算规则和设计图纸计算而得到，它可以直接反映工程项目的规模和内容。

基本子项的单位价格主要由两大要素构成：完成基本子项所需的资源数量和需要资源的价格。

$$单位价格 = \sum(资源消耗量 \times 资源价格) \tag{3.1.2}$$

（1）资源消耗量。资源消耗量是指完成基本子项单位实物量所需的人工、材料、机械台班的数量，即工程定额。它是工程造价计价的重要依据，与一定时期的劳动生产率、社会生产力水平、技术和管理水平密切相关。建设单位进行工程造价的计算主要依据国家或地方颁布的、反映社会平均生产力水平的指导性定额，如地方编制并实施的概算定额、预算定额；而建筑施工企业进行投标报价时，则应依据反映本单位劳动生产率、技术与管理水平的企业定额。

（2）资源价格。进行工程造价计算时所依据的资源价格应是市场价格。如果单位价格仅由资源消耗量和资源价格构成，则成工程定额中的工料机单价。如果单位价格由规费和税金以外的费用形成，则成清单计价中的综合单价。

2. 工程计价的模式

（1）定额计价模式。定额计价是我国长期以来在工程价格行程中采用的计价模式，是国家通过颁布统一的估价指标、概算定额、预算定额和相应的费用定额，对建筑产品价格有计划进行管理的一种方式。在计价中以定额为依据，按定额规定的分部分项子目：逐项计算工程量，套用定额单价（或单位估价表）确定直接工程费，然后按规定取费标准确定构成工程价格的其他费用和利税，获得建筑安装工程造价。

由于定额中工、料、机的消耗量是根据各地"社会平均水平"综合测定的，费用标准也是根据不同地区平均测算的，因此，企业采用这种模式的报价是一种社会平均水平，与企业的技术水平和管理水平无关，体现不了市场公平竞争的基本原则。

（2）工程量清单计价模式。工程量清单计价模式，是建设工程招投标中，招标人或其委托的有资质的咨询机构按照《计价规范》编制反映工程实体消耗和措施消耗的工程量清单，并作为招标文件的一部分提供给投标人，由投标人依据工程量清单，根据各种渠道所获得的工程造价信息和经验数据，结合企业定额自主报价的计价方式。

3.1.2 工程量清单计价

3.1.2.1 工程量清单计价的概念

工程量清单计价是工程造价计价的一种模式，是指在建设工程招投标过程中，招标人按照《计价规范》各专业统一的工程量计算规则提供招标工程量清单，投标人依据招标工程量清单、拟建工程的施工方案，结合自身实际情况并考虑风险因素，确定工程项目各部分的单价，进而确定工程总价的过程或活动。

3.1.2.2 工程量清单计价的基本过程

工程量清单计价过程可以分为两个阶段：工程量清单编制和工程量清单计价。工程量清单编制程序见图 3.1.2，工程量清单计价过程见图 3.1.3。

图 3.1.2　工程量清单编制程序

图 3.1.3　工程量清单计价过程

3.1.2.3　工程量清单计价的编制方法

根据《计价规范》规定，利用综合单价计算清单项目各项费用，然后汇总得到工程总造价，即

$$分部分项工程费＝\sum 分部分项工程量×分部分项工程综合单价 \tag{3.1.3}$$

$$措施项目费＝\sum 单价措施项目工程量×措施项目综合单价＋\sum 总价项目措施费 \tag{3.1.4}$$

$$其他项目费＝暂列金额＋专业工程暂估价＋计日工＋总承包服务费 \tag{3.1.5}$$

$$单位工程报价＝分部分项工程费＋措施项目费＋其他项目费＋规费＋税金 \tag{3.1.6}$$

$$单项工程报价＝\sum 单位工程报价 \tag{3.1.7}$$

$$建筑安装工程总造价＝\sum 单项工程报价 \tag{3.1.8}$$

3.1.2.4　工程量清单计价的依据

1. 招标工程量清单

招标人随招标文件发布的工程量清单，是承包商投标报价的重要依据。承包商在计价时需全面了解清单项目特征及其所包含的工程内容，才能做到准确计价。

2. 招标文件

招标文件中具体规定了承发包工程范围、内容、期限、工程材料及设备采购供应办法，只有在计价时按规定进行，才能保证计价的有效性。

3. 施工图样

清单工程量是分部分项工程量清单项目的主项工程量，不一定反映全部工程内容，所以承包商在投标报价时，需要根据施工图和施工方案计算报价工程量（计价工程量）。

4. 施工组织设计

施工组织设计或施工方案是施工单位针对具体工程编制的施工作业指导性文件，其中对施工技术措施、安全措施、施工机械配置、是否增加辅助项目等进行的详细设计，在计价过程中应予以重视。

5. 消耗量定额

消耗量定额有两种：一种是由建设行政主管部门发布的社会平均消耗量定额，如预算定额；另一种是反映企业平均先进水平的消耗量定额，即企业定额。企业定额是确定人工、材料、机械台班消耗量的主要依据。

6. 综合单价

从单位工程造价的构成分析，不管是招标控制价的计价，还是投标报价的计价，还是其他环节的计价，只要采用工程量清单方式计价，都是以单位工程为对象进行计价的。单位工程由分部分项工程费、措施项目费、其他项目费、规费和税金组成，而综合单价是计算以上费用的关键。

7.《计价规范》

它是工程量清单计价中计算措施项目清单费、其他项目清单费的依据。

3.1.3 招标控制价文件的编制要求

招标控制价是指招标人根据国家或省级、行业建设主管部门颁布的有关计价依据和办法，以及拟定的招标文件和招标工程量清单，结合工程具体情况编制的招标工程的最高投标限价。

3.1.3.1 招标控制价的一般规定

（1）国有资金投资的建设工程招标，招标人必须编制招标控制价。

我国对国有资金投资项目的投资控制实行的是投资概算审批制度，国有资金投资的工程原则上不能超过批准的投资概算。

国有资金投资的工程实行工程量清单招投标，为了客观、合理地评审投标报价和避免哄抬标价，避免造成国有资产流失，招标人必须编制招标控制价，规定最高投标限价。

（2）招标控制价应由具有编制能力的招标人或受其委托具有相应资质的工程造价咨询人编制和复核。

（3）工程造价咨询人接受招标人委托编制招标控制价，不得再就同一工程接受投标人委托编制投标报价。

（4）招标控制价应按照编制依据的具体规定编制，不应上调或下浮。

（5）当招标控制价超过批准的设计概算时，招标人应将其报原设计概算审批部门审核。

（6）招标人在发布招标文件时应公布招标控制价，同时应将招标控制价及有关资料报送工程所在地或有该工程管辖权的行业管理部门工程造价管理机构备查。

招标控制价的作用决定了招标控制价不同于标底，无需保密。为体现招标的公平、公正性，防止招标人有意抬高或压低工程造价，招标人应在招标文件中如实公布招标控制价。

3.1.3.2 招标控制价的编制依据

（1）《计价规范》。

（2）国家或省级、行业建设主管部门颁发的计价定额和计价办法。

（3）建设工程设计文件及相关资料。

（4）拟建的招标文件及招标工程量清单。

（5）与建设项目相关的标准、规范、技术资料。

（6）施工现场情况、工程特点及常规施工方案。

（7）工程造价管理机构发布的工程造价信息，当工程造价信息没有发布时，参照市场价。

（8）其他的相关资料。

3.1.3.3 招标控制价编制的内容

1. 招标控制价的费用组成

建筑工程项目招标控制价按工程造价的组成形式由相应的单项工程造价组成，单项工程造价由相应的单位工程造价组成，单位工程招标控制价由分部分项工程费、措施项目费、其他项目费、规费和税金组成。

$$单位工程控制价 = 分部分项工程费 + 措施项目费 + 其他项目费 + 规费 + 税金$$

$$(3.1.9)$$

$$单项工程控制价 = \sum 单位工程控制价 \qquad (3.1.10)$$

$$建设项目控制价 = \sum 单项工程控制价 \qquad (3.1.11)$$

2. 分部分项工程费的计算

分部分项工程费应根据拟定的招标文件和招标工程量清单中的分部分项工程量清单项目的特征描述及有关要求，按现行计价定额和计价办法计算各分部分项工程项目的综合单价，综合单价中应包括招标文件中要求投标人承担的风险范围及其费用。招标文件中没有明确的，如是工程造价咨询人编制，应请招标人明确；如是招标人编制，应予明确。招标文件提供了暂估单价的材料，按其暂估单价计入综合单价。各分部分项工程清单工程量乘以其综合单价得到相应的分部分项工程费用，汇总得到单位工程的分部分项工程费，即

$$分部分项工程费 = \sum (分部分项工程清单工程量 \times 综合单价) \qquad (3.1.12)$$

其中　综合单价＝人工费＋材料费＋施工机具使用费＋企业管理费＋利润＋风险范围费用

3. 措施项目费的计算

（1）措施项目中的单价项目，应根据拟定的招标文件和和招标工程量清单中特征描述及有关要求，按现行计价定额和计价办法规定计算综合单价。

（2）措施项目中的总价项目，应根据拟定的招标文件和常规施工方案，按照国家或省级、行业建设主管部门的规定计算。

4. 其他项目费的计算

（1）暂列金额应按招标工程量清单中列出的金额填写。招标工程量清单中列出的金额可根据工程的复杂程度、设计深度、工程环境条件（包括地质、水文、气候等）进行估算。一般可按分部分项工程费的 10％～15％作为参考。

（2）暂估价中的材料、工程设备单价应按招标工程量清单中列出的单价计入综合单价，不再计入其他项目费。暂估价中的材料应按照工程造价管理机构发布的工程造价信息或参考市场价格确定。暂估价中的专业工程金额应按招标工程量清单中列出的金额填写。

（3）计日工应按招标工程量清单中列出的项目，根据工程特点和有关计价依据确定综合单价计算。

（4）总承包服务费，招标人应根据招标工程量清单列出的内容和向承包人提出的要求参照下列标准计算。

1）招标人仅要求对分包的专业工程进行总承包管理和协调时，按分包的专业工程估算造价的 1.5％计算。

2）招标人要求对分包的专业工程进行总承包管理和协调的同时要求提供配合服务时，根据招标文件中列出的配合服务内容和提出的要求按分包的专业工程估算造价的 3％～5％计算。

3）招标人自行供应材料的，按招标人供应材料价值的 1％计算。

5. 规费和税金项目费用的计算

规费和税金应按国家或省级、行业建设主管部门的规定计算，不得作为竞争性费用。

3.1.4　投标报价的编制要求

投标（报）价是指投标人投标时响应招标文件的要求所报出的对已标价工程量清单汇总后标明的总价。

3.1.4.1　投标报价的编制的一般规定

（1）投标价应由投标人或受其委托具有相应资质的工程造价咨询人编制。

（2）投标价由投标人自主确定，但不得低于工程成本。采用工程量清单计价，建设工程造价由分部分项工程费、措施项目费、其他项目费、规费和税金组成。

（3）投标人应按招标人提供的工程量清单填报价格。项目编码、项目名称、项目特征、计量单位、工程量必须与招标工程量清单一致。

（4）投标人的投标报价高于招标控制价应予废标。

3.1.4.2　投标报价的编制依据

（1）《计价规范》。

（2）国家或省级、行业建设主管部门颁发的计价办法。

（3）企业定额，国家或省级、行业建设主管部门颁发的计价定额。

（4）招标文件、招标工程的清单及其补充通知、答疑纪要。

（5）建设工程设计文件及相关资料。

（6）施工现场情况、工程特点及投标时拟定的施工组织设计或施工方案。

（7）与建设项目相关的标准、规范等技术资料。

（8）市场价格信息或工程造价管理机构发布的工程造价信息。

（9）其他的相关资料。

3.1.4.3　投标报价编制的内容

（1）投标报价的费用组成。建筑工程项目投标报价的费用组成与招标控制价的组成相同。

$$单位工程投标价＝分部分项工程费＋措施项目费＋其他项目费＋规费＋税金$$

$$\text{(3.1.13)}$$

$$单项工程投标价＝\sum 单位工程投标价 \qquad \text{(3.1.14)}$$

$$建设项目投标价＝\sum 单项工程投标价 \qquad \text{(3.1.15)}$$

（2）分部分项工程费的计算。

1）计算前的数据准备。根据招标文件的分部分项工程项单项目，计算各项目施工工程量，并校核工程量清单。

2）人、材、机数量测算。企业可以按反映企业水平的企业定额或参照地区消耗量定额确定人工、材料、机械台班的耗用量。必须注意：分部分项工程清单项目是以建筑物的实体量来划分的，一个清单项目包含若干个工作内容，有很多施工工序，因此进行组价时，要注意工作内容和消耗量定额子目的对应关系，有时是一对一的关系，但有时一个工作内容要套用多个定额子目或一个定额子目完成多个工作内容。

3）市场调查和询价。根据工程项目的具体情况，考虑人工市场劳务来源是否充沛，材料供应是否充足，价格是否平稳，采用市场价格作为参考，考虑一定的调价系数。分析该工程使用的施工机械是否为常用机械，投标人能否自行配备，根据市场情况考虑施工机械费。

4）计算综合单价。

a. 按确定的资源消耗量及查询到的人工、材料、机械台班的单价，对应计算出定额子目单位数量的人工费、材料费和机械费。计算公式：

$$人工费＝\sum （人工消耗量 \times 对应人工单价）\qquad \text{(3.1.16)}$$

$$材料费＝\sum （材料消耗量 \times 对应材料单价）\qquad \text{(3.1.17)}$$

$$机械费＝\sum （机械台班消耗量 \times 对应机械台班单价）\qquad \text{(3.1.18)}$$

b. 企业管理费费率可由投标人根据本企业近年的企业管理费核算数据自行测定，也可以参照当地造价管理部门发布的平均参考值。

c. 利润率可由投标人根据本企业当前盈利情况、施工水平、拟投标工程的竞争情况及企业当前经营策略自主确定。

d. 招标文件中要求投标人承担的风险范围及其费用，投标人应在综合单价中予以考虑，通常以风险费率的形式进行计算。风险费率的测算应根据招标人要求结合投标人当前风险控制水平进行定量测算。

在施工过程中，当出现的风险内容及其范围（幅度）在招标文件规定的范围（幅度）内时，综合单价不得变动，工程款不作调整。

e. 计算各清单项目的综合单价。

$$综合单价＝人工费＋材料费＋施工机具使用费$$
$$＋企业管理费＋利润＋风险范围费用 \qquad \text{(3.1.19)}$$

（3）措施项目费的计算。招标人在招标文件中列出的措施项目清单是根据一般情况确定的，没有考虑不同投标人的具体情况。因此，投标人投标报价时应根据自身拥有的施工装备、技术水平和采用的施工方法、确定的施工方案，对招标人所列的措施项目进行调整，并确定措施项目费。

1）措施项目中的单价项目，应根据招标文件和和招标工程量清单项目中的特征描述确定，按综合单价计算。

2）措施项目中的总价项目，应根据招标文件及投标时拟定的施工组织设计或施工方案，按照《计价规范》的规定自主确定。其中安全文明施工费应按照国家或省级、行业建设主管部门的规定计算，不得作为竞争性费用。

（4）其他项目费的计算。

1）暂列金额应按招标工程量清单中列出的金额填写，不得变动。

2）材料、工程设备暂估价应按招标工程量清单中列出的单价计入综合单价，不得更改，材料、设备暂估价不再计入其他项目费。

3）专业工程暂估价应按招标工程量清单中列出的金额填写，不得更改。

4）计日工应按招标工程量清单中列出的项目和数量，自主确定综合单价并计算计日工金额。

5）总承包服务费应根据招标工程量清单中列出的内容和提出的要求自主确定。

（5）规费和税金项目费用的计算。规费和税金应按国家或省级、行业建设主管部门的规定计算，不得作为竞争性费用。

（6）招标工程量清单与计价表中列明的所有需要填写单价和合价的项目，投标人均应填写且只允许有一个报价。未填写单价和合价的项目，可视为此项费用已包含在已标价工程量清单的其他项目的单价和合价之中。当竣工结算时，此项目不得重新组价、调整。

（7）投标总价应当与分部分项工程费、措施项目费、其他项目费和规费、税金的合计金额一致。

任务 3.2　分部分项工程清单项目投标报价计算

【学习目标】

（1）能够根据清单项目特征的描述，匹配相应的定额子目。

（2）掌握计价工程量的计算方法。

（3）掌握分部分项工程综合单价的确定方法。

【相关知识】

3.2.1　分部分项工程量清单计价流程

工程量清单计价的工程费用均采用综合单价法计算。

分部分项工程量清单计价合计费用计算公式：

$$综合单价＝规定计量单位的"人工费＋材料费＋机械使用费$$
$$＋取费基数×（企业管理费费率＋利润率）＋风险费用"　　（3.2.1）$$

$$分项清单合价＝综合单价×工程数量　　　　　　（3.2.2）$$

$$分部清单合价＝\sum 分项清单合价　　　　　　（3.2.3）$$

$$分部分项工程量清单计价合计费用 = \sum 分部清单合价 \qquad (3.2.4)$$

分部分项工程量清单计价流程如图 3.2.1 所示。

图 3.2.1 分部分项工程量清单计价流程图

3.2.2 计价工程量计算

计价工程量也称为报价工程量，是计算工程投标报价的重要数据。用于报价的实际工程量称为计价工程量。

清单工程量作为统一各投标人工程报价的口径，是十分重要的，也是十分必要的。但是，投标人不能根据清单工程量直接进行报价。这是因为施工方案不同，其实际发生的工程量是不同的。例如，基础挖方是否要留工作面，留多少。计价工程量是投标人根据拟建工程施工图、施工方案、清单工程量和所采用的定额及相对应的工程量计算规则计算的，其计算内容一般要多于清单工程量。因为计价工程量不但要计算每个清单项目的主项工程量，而且还要计算所包含的副项工程量。这就要根据清单项目的工程内容和定额项目的划分内容具体确定。例如，M5 水泥砂浆砌砖基础项目，不但要计算主项的砖基础项目，还要计算混凝土垫层的副项工程量。

3.2.2.1 人工土、石方

以 2018 版《安徽省建筑工程消耗量定额》为例，介绍人工土石方工程计价。

（1）说明。

1）土壤及岩石类别的确定。土壤及岩石类别的划分，依据工程地质勘察资料与"土壤及岩石分类表"对照后确定。

2）对下水位标高及排（降）水方法。

3）土方、沟槽、基坑挖（填）起止标高，施工方法及运距。

4）岩石开凿，爆破方法：石渣清运方法及运距。

5）其他有关资料。

（2）工程量计算一般规则。

1）土方体积，均以开挖前的天然密实体积为准计算，如遇有必须以天然密实体积折算时，可按表 3.2.1 折算。

表 3.2.1　　　　　　　　　　　土 方 体 积 折 算 表

虚方体积	天然密实体积	夯实后体积	松填体积	虚方体积	天然密实体积	夯实后体积	松填体积
1.00	0.77	0.67	0.83	1.30	1.00	0.87	1.08
1.20	0.92	0.80	1.00	1.50	1.15	1.00	1.25

2）挖土一律以设计室外地坪标高为准计算。如实际自然标高与设计地面标高不同，其工程量可以调整。

3）按不同的土壤类别，挖土深度、干土、湿土分别以体积计算。

4）在同一槽、坑内或沟内，有干土、湿土时，应分别计算，使用定额时，按槽、坑或沟的全深计算。

（3）平整场地工程量按下列规定计算

1）人工平整场地是指建筑场地挖、填土方厚度在±30cm 以内及找平。挖填土方厚度超过±30cm 以外时，按场地土方平衡竖向布置图另行计算。

2）平整场地工程量按建筑物外墙外边线每边各加 2m，以"m²"计算。

（4）沟槽、基坑、土方工程量按下列规定计算：

1）沟槽、基坑划分：凡图示沟槽底宽在 3m 以内，且沟槽长大于槽底宽 3 倍以上的为沟槽；凡图示基坑地面积在 20m² 以内为基坑；凡图示沟槽底宽在 3m 以上，基坑地面积在 20m² 以上，平整场地挖土方厚度在 30cm 以上均按挖土方计算。

2）沟槽土方工程量：按沟槽长度乘以沟槽截面（m²）计算。沟槽长度：外墙按图示基础中心线长度计算，内墙按图示基础宽度加工作面宽度之间净长度计算。沟槽宽：按图示宽度加基础施工所需工作面宽度计算，突出墙外的附墙烟囱、垛等挖土体积并入沟槽土方工程量内计算。

3）挖沟槽、基坑、土方需放坡时，按《施工组织设计》规定计算，《施工组织设计》无明确规定时，放坡系数按表 3.2.2 规定计算。

4）沟槽、基坑需支挡土板时，挡土板面积按槽、坑边实际支挡板面积计算。

5）基础施工所需工作面，按表 3.2.3 规定计算。

6）管道沟槽长度按图示尺寸中心线长度计算，沟底宽度设计有规定的按设计规定计算；设计无规定的，按表 3.2.4 计算。

表 3.2.2　　　　　　　　　　　放　坡　系　数　表

土壤类别	放坡起点 /m	人工挖土	机 械 挖 土	
			坑内作业	坑上作业
一、二类土	1.20	1:0.5	1:0.33	1:0.75
三类土	1.50	1:0.33	1:0.25	1:0.67
四类土	2.00	1:0.25	1:0.10	1:0.33

注　1. 沟槽、基坑中，土壤类别不同时，分别按其放坡起点，放坡系数依不同土壤厚度加权平均计算。
　　2. 计算放坡时，在交接处的重复工作量不予扣除，原槽、坑有基础垫层时，放坡自垫层上表面开始计算。

表 3.2.3　　　　　　　　　　　基础施工所需工作面

基础材料	每边各增加工作面宽度/mm	基础材料	每边各增加工作面宽度/mm
砖基础	200	混凝土基础支模板	300
浆砌毛石、条石基础	150	基础垂直面做防水层	800（防水层面）
混凝土基础垫层支模板	300		

表 3.2.4　　　　　　　　　　　管道地沟底宽度计算表　　　　　　　　　单位：mm

管　径	铸铁管、管道、石棉水泥管	混凝土、钢筋混凝土、预应力混凝土管	陶土管
50～70	600	800	700
100～200	700	900	800
250～350	800	1000	900
400～450	1000	1300	1100
500～600	1300	1500	1400
700～800	1600	1800	—
900～1000	1800	2000	—
1100～1200	2000	2300	—
1300～1400	2200	2600	—

注　按表 3.2.4 计算管道沟土方工程量时，各种井类及管道接口等处需加宽而增加的土方量不另行计算。地面积大于 20m² 的井类，其增加工程量并入管沟土方内计算。

　　7）沟槽（管道地沟）、基坑深度，按图示沟、槽、坑底面至室外地坪深度计算。

　　（5）岩石开凿及爆破工程量，需区分石质，按下列规定计算。

　　1）人工凿岩石按图示尺寸以"m³"计算。

　　2）爆破岩石按图示尺寸以"m³"计算，沟槽、基坑深、宽允许超挖：次坚石为 200mm，特坚石为 150mm 超挖部分岩石并入相应工程量内。

　　（6）就地回填土区分夯填、松填，以"m³"计算。

　　1）沟槽、基坑回填土体积＝挖土体积 － 设计室外地坪以下埋设的基础体积（包括基础垫层、管道及其他构筑物）　　　　　　　　　　　　　　　　　　　　　　　　（3.2.5）

　　2）室内回填土体积按主墙间的净面积乘以回填土厚度计算。

　　3）管径在 500mm 以内的不扣除管道所占体积，管径在 500mm 以上时，按表 3.2.5 扣除管道所占体积。

表 3.2.5　　　　　　　　　　　管道扣除土方体积表（m³/m）

管道名称	管道直径/mm					
	500～600	601～800	801～1000	1001～1200	1201～1400	1401～1600
钢管	0.21	0.44	0.71	—	—	—
铸铁管	0.24	0.49	0.77	—	—	—
混凝土管	0.33	0.60	0.92	1.15	1.35	1.55

（7）余土外运、缺土内运工程量应按《施工组织设计》规定计算，《施工组织设计》无规定时按下式计算：

$$运土工程量＝挖土工程量－回填土工程量 \qquad (3.2.6)$$

计算结果正值为余土外运，负值为缺土内运。

（8）运土回填如运浮土，不能另计挖土人工，但遇到已近压实的浮土，可另加Ⅰ、Ⅱ类挖土用工乘 0.8 系数（其工程量按实方计算，若为虚方按计算规则折算成实方），如挖自然土用作回填土时，可另列挖土子目，凡运土回填的均不重套就地回填子目。

3.2.2.2　桩与地基基础工程

（1）混凝土桩。

1）预制钢筋混凝土桩。

a. 打（压）预制钢筋混凝土桩，按设计桩长（包括桩尖，不扣除虚体积）乘以桩截面面积以"m³"计算；管桩的空心体积应扣除，管桩的空心部分设计要求灌注混凝土或其他填充材料时，另行计算。

b. 送桩：以送桩长度（自桩顶面至自然地坪另加 50cm）乘以桩截面面积以"m³"计算。

2）方桩、管桩接桩：按接头数以"个"计算。

3）灌注混凝土桩。

a. 沉管灌注混凝土桩，按设计桩长（包括桩尖，不扣除虚体积）加 50cm，乘以标准管的外径截面面积以"m³"计算。

b. 复打沉管灌注混凝土桩，按单打体积乘以复打次数以"m³"计算。

c. 夯扩沉管灌注混凝土桩，按设计桩长（包括桩尖，不扣除虚体积）加 50cm 乘以标准管的外径截面面积，再加投料长度乘以标准管内径截面面积，以"m³"计算。

d. 长螺旋或旋挖法钻孔灌注混凝土桩，按设计桩长加 50cm 乘以螺旋外径或设计截面面积以"m³"计算。

e. 钻孔灌注混凝土桩。

a）钻土孔与钻岩孔分别计算，钻土孔以地面至岩石表面之间深度乘以设计桩截面面积以 m³ 计算；钻岩孔以入岩深度乘以设计桩截面面积，以"m³"计算。

b）混凝土桩身，按设计桩长加 50cm 乘设计桩截面面积，以"m³"计算。

c）泥浆运输工程量按钻孔体积，以"m³"计算。

f. 人工挖孔桩。

a）挖坑井土方和坑井石方分别计算。挖坑井土方按图示尺寸从井口顶面至岩石表面，

以 "m³" 计算；挖坑井石方按图示尺寸从岩石表面至桩底，以 "m³" 计算。

b）护壁按图示尺寸以井口顶面至扩大头处（或桩底），以 "m³" 计算。

c）桩身混凝土按图示尺寸从桩顶至桩底加 50cm，以 "m³" 计算。

（2）其他桩。

1）沉管灌注砂石（碎石、砂）桩，按设计桩长（不包括桩尖）加 15cm 乘以标准管的外径截面积以 "m³" 计算。

2）灰土挤密桩，按设计桩长（不扣除桩尖虚体积）乘以钢管下端最大外径的截面面积，以 "m³" 计算。

3）高压旋喷桩，钻孔按自然地面至桩底的长度，以 "m" 计算；喷浆按设计桩长乘以桩的截面面积，以 "m³" 计算。

4）深层水泥搅拌加固地基的喷浆和喷粉，按设计桩长加 50cm 乘以桩的截面面积，以 "m³" 计算。空搅工程量按地面至桩顶减 50cm 长度乘以桩截面面积，以 "m³" 计算。

（3）基础垫层。基础垫层按图示尺寸以 "m³" 计算；外墙基础垫层长度按外墙中心线长度计算；内墙基础垫层长度按内墙基础垫层净长计算。

3.2.2.3 砌体工程

（1）砌筑工程量一般规则。

1）计算墙体工程量时，应扣除门窗洞口、过人洞、空圈、嵌入墙身的钢筋混凝土柱、梁（包括过梁、圈梁、挑梁）和暖气包、壁龛及内墙板头的体积，不扣除梁头梁垫、外墙板头、檩头、垫木、木楞头、沿椽木、木砖、门窗走头、砖砌体内的加固钢筋、木筋、铁件、钢管及每个面积在 0.3m² 以内的孔洞等所占体积。突出墙面的窗台虎头砖、压顶线、山墙泛水、烟囱根、门窗套及三匹砖以内的腰线、挑檐等体积亦不增加。

2）附墙砖垛、三匹砖以上的挑檐和腰线等体积，并入墙身体积内计算。

3）附墙烟囱、通风道按其外形体积计算，并入所依附的墙体积内，不扣除每个横截面在 0.1m² 以内的体积，但孔洞内的抹灰工程量亦不增加。

4）女儿墙高度，自外梁（板）顶面至女儿墙顶面（有混凝土压顶时，算至压顶底面高度），区分不同墙厚套相应项目。

（2）墙基与墙身的划分。

1）砖基础与墙身，以设计室内地面为界（有地下室者以地下室室内设计地面为界）；石基础与墙身的划分，外墙以设计室外地面为界，内墙以室内地面为界，以下为基础，以上为墙身。

2）基础与墙身使用不同材料时，位于室内地面±300mm 以内时，以不同材料为分界线；超过±300mm 时，以设计室内地面为分界线。

3）砖、石围墙，以设计室外地面为界线，以下为基础，以上为墙身。

（3）基础长度。

外墙墙基按外墙中心线长度计算。

内墙砖石基础长度按内墙净长计算。基础大放脚 T 形接头处的重叠部分及嵌入基础的钢筋、铁件、管道、基础防潮层及单个面积在 0.3m² 以内的孔洞的体积不扣除，但靠墙暖气沟的挑檐亦不增加。附墙垛基础宽出部分体积并入基础工程量内。

（4）墙长度。外墙按外墙中心线长度计算，内墙按内墙净长线计算。

（5）墙身高度按下列规定计算。

1）外墙墙身高度。坡（斜）屋面无檐口天棚者，算至墙中心线屋面板底，无屋面者，算至椽子顶面；有屋架且室内外均有天棚者，算至屋架下弦底面，另加 200mm；无天棚者，算至屋架下弦再加 300mm；平屋面算至钢筋混凝土板底面。

2）内墙墙身高度。内墙位于屋架下弦者，其高度算至屋架底；无屋架者，算至天棚底，另加 100mm；有钢筋混凝土楼板隔层者，算至钢筋混凝土楼板底；有框架梁时，算至梁底面；同一楼板厚度不同时，按平均高度计算；墙高度不同时，按平均高度计算。内外山墙的墙身高度，按平均高度计算。

（6）框架间砌体以框架间的净空间面积乘以墙厚计算套相应定额。框架外表面镶包砖部分套“贴砌砖”定额。

（7）空花墙按空花部分外形体积以“m^3”计算，空花部分不予扣除，其中实砌体部分以“m^3”另列项计算。

（8）空斗墙按外形尺寸以“m^3”计算，墙角、内外墙交接处，门窗洞口立边，平碹、窗台砖及屋檐处的实砌部分已包括在定额内，不另行计算。混凝土楼板下，楼板面踢脚线、山墙尖、窗间墙、钢筋砖圈梁、附墙垛实砌体部分另行计算，套“零星砌体”定额。

（9）砖砌围墙按设计图示尺寸以“m^3”计算，其围墙砖垛及压顶应并入墙身工程量内套相应墙体子目；砖围墙上有混凝土压顶时，混凝土压顶按相应定额另行位计算，其围墙高度算至混凝土压顶下表面。

（10）多孔砖墙按图示墙度以“m^3”计算，应扣除门窗洞口，混凝土过梁、圈梁等所占体积。

（11）填充墙按外形体积以“m^3”计算，其实砌部分已经包括在定额内，不另计算。

（12）砖柱不分清水、混水，按图示尺寸以“m^3”计算，柱身、柱基工程量合并套“砖柱”定额。

（13）地下室墙以“m^3”计算，计算方法同普通砖墙，套相应定额。

（14）加气混凝土、硅酸盐砌块墙、小型空心砌块墙按图示尺寸以“m^3”计算，扣除门窗洞口、嵌入墙内的混凝土柱、过梁、圈梁等体积，砌块本身空心体积不予扣除，按设计规定需要镶嵌砖砌体部分已包括在定额内，不另计算。

（15）毛石墙、方整石墙按图示尺寸以“m^3”计算。毛石墙面突出的垛并入墙身工程量内。

3.2.2.4　混凝土及钢筋混凝土工程

（1）现浇混凝土工程量，按以下规定计算：

1）混凝土工程量除另有规定者外，均按施工图示尺寸以体积计算。不扣除构件内钢筋、预埋铁件及墙、板单个面积在 $0.3m^2$ 以内的孔洞所占的体积。

2）基础。

a. 箱式满堂基础应分别按满堂基础、柱、墙、梁、板有关规定计算，套相应定额项目。

b. 设备基础除块体以外，其他类型设备基础分别按基础、梁、柱、板、墙等相关规定计算，套相应定额项目。

3）柱。

a. 有梁板的柱高，应自柱基上表面（或楼板上表面）至上一层楼板的上表面之间的高度计算。

b. 无梁板的柱高，应自柱基上表面（或楼板上表面）至柱帽下表面之间的高度计算。

c. 框架柱的柱高，应自柱基上表面至柱顶高度计算。

d. 构造柱按全高计算，与砖墙嵌接部分的体积并入柱身体积内计算。

e. 依附于柱上的牛腿和升板的柱帽，并入柱身体积内计算。

4）梁：按设计图示尺寸以"m³"计算。梁长按下列规定确定。

a. 梁与柱连接时，梁长算至柱侧面。

b. 主梁与次梁连接时，次梁长度算至主梁侧面。

c. 伸入墙内的梁头、梁垫体积并入梁体积内计算。

d. 圈梁、过梁应分别计算。过梁长度按图示尺寸，图纸无明确表示时，按门窗洞口外围宽度共加500mm计算。

e. 现浇挑梁的悬梁部分按单梁计算，嵌入墙身部分按圈梁计算。

5）墙：按图示尺寸以"m³"计算，应扣除门窗洞口及0.3m²以上孔洞所占的体积，墙垛及突出部分并入墙体积内计算。墙高按下列规定确定：

a. 墙与梁平行重叠，墙与梁合并计算。

b. 墙与板相交，墙高算至板底面。

6）板：按图示尺寸以"m³"计算。

a. 有梁板包括主、次梁与板，按梁、板体积之和计算。当有柱穿过有梁板时，应扣除其柱穿过板所占的体积。

b. 无梁板按板和柱帽体积之和计算。

c. 平板按板实体积计算。

d. 现浇挑檐、天沟与板（包括屋面板、楼板）连接时，以外墙面为分界线，与圈梁（包括其他梁）连接时，以梁外边线为分界线，外墙边线以外或梁外边线以外为挑檐、天沟。

e. 各类板伸入墙内的板头并入板体积内计算，与圈、过梁连接时，外墙算至梁内侧；内墙按板计算，圈过梁算至板下。

f. 预制板补缝宽度在60mm以上时，按现浇平板计算。

g. 阳台、雨篷按伸出外墙的水平投影面积计算，伸出墙外的牛腿不另计算。伸出墙外超过1.5m时，按有梁板计算。带翻边的雨篷按展开面积并入雨篷面积内计算。

h. 栏板以长度乘断面积按"m³"计算。

7）整体楼梯包括休息平台、平台梁、斜梁及楼梯的连接梁，按水平投影面积计算。不扣除宽度小于200mm的楼梯井，伸入墙内部分不另增加。楼梯与楼板连接时，楼梯算至楼梯梁外侧面。无楼梯梁时，以楼梯的最后一个踏步边缘加300mm为界。圆形楼梯按悬挑楼梯段间水平投影面积计算（不包括中心柱）。

8）台阶（含侧边）按图示尺寸实体积以"m³"计算，平台与台阶的分界线以最上层踏步外沿加 300mm 为界。

9）预制钢筋混凝土框架柱、梁现浇接头，按设计规定断面和长度以"m³"计算。

10）现浇池、槽按实际体积计算。

11）散水按水平投影面积计算。

12）后浇带按设计图示尺寸以"m³"计算。

（2）预制混凝土工程，按下列规定计算：

1）混凝土工程均按图示尺寸以"m³"计算，不扣除构件内的钢筋、预埋铁件、后张法预应力钢筋的灌浆孔及单个尺寸 300mm×300mm 以内的孔洞所占体积，扣除空心板、烟道、通风道孔洞所占体积。

2）预制桩按桩全长（不扣除桩尖虚体积）乘以桩断面以"m³"计算，预制桩尖按实体积计算。

3）混凝土与钢杆件组合的构件，混凝土部分按构件实体积以"m³"计算，钢构件按金属结构相应的定额计算。

（3）构筑物钢筋混凝土工程量，按下列规定计算：

1）构筑物混凝土除另有规定者外，均按图示尺寸扣除 0.3m² 以上孔洞所占体积以实体积计算。

2）水塔。

a. 筒身与槽底以与槽底连接的圈梁底为界，以上为槽底，以下为筒身。

b. 筒式塔身及依附于筒身的过梁、雨篷挑檐等，并入筒身体积内计算；柱式塔身，柱、梁合并计算。

c. 塔顶及槽底，塔顶包括顶板及圈梁，槽底包括底板挑出的斜壁板和圈梁等合并计算。

3）储水池不分平底、锥底、坡底，均按池底计算；壁基梁、池壁不分圆形壁和矩形壁，均按池壁计算；其他项目均按现浇混凝土部分相应项目计算。

4）储仓如由柱支承，其柱与基础按现浇混凝土相应项目计算。

5）普通水塔、倒锥壳水塔、烟囱基础及构筑物，定额中没有的项目按现浇混凝土部分相应或相近项目计算。

6）现浇支架、地沟、预制支架安装，均按现浇混凝土、预制混凝土构件安装相应项目计算。

7）构筑物中有关项目的分界线，按构筑物模板工程量规定界定。

（4）钢筋混凝土构件接头灌缝：

1）钢筋混凝土构件接头灌缝，包括构件坐浆、灌缝、堵板孔、塞板、梁缝等，均按钢筋混凝土构件实体积以"m³"计算。

2）柱与柱基的灌缝，按首层柱体积计算；首层以上柱灌缝按各层柱体积计算。

3）空心板堵塞端头孔的人工材料，已包括在定额内。

（5）设备基础二次灌浆以螺栓孔体积计算，不扣除螺栓所占体积。

3.2.2.5　厂库房大门、特种门、木结构工程

（1）厂库房大门、特种门制作的安装工程量均按门窗洞口面积计算。无框厂库房大门、特种门，按设计门扇外围面积计算。

（2）木屋架的制作安装工程量，按以下规定计算：

1）木屋架制作安装均按设计断面竣工木料以"m³"计算，其后备长度及配制损耗已包括在项目内不另计算。附属于屋架的夹板、垫木等已并入相应的屋架制作项目中，不另计算；与屋架连接的挑檐木、支撑等，其工程量并入屋架竣工木料体积内计算。

2）屋架的制作安装应区别不同跨度，其跨度应以屋架上下弦杆的中心线交点之间的长度为准，带气楼的屋架并入所依附屋架的体积内计算。

3）屋架的马尾、折角和正交部分半屋架，应并入相连接的屋架的体积内计算。

4）钢木屋架区分圆、方木，按竣工木料以"m³"计算。

（3）圆木屋架连接的挑檐木、支撑等如为方木时，其方木部分按矩形檩木计算。

（4）檩木按竣工木料以"m³"计算。简支檩长度按设计规定计算，如设计无规定者，按屋架或山墙中距增加20cm计算，如两端出山墙，檩条长度算至博风板；连续檩条的长度按设计长度计算，接头长度按全部连续檩木总体积的5%计算。檩条托木已包括在项目中，不另计算。

（5）屋面木基层，按屋面的斜面积计算。天窗挑檐重叠部分按设计规定计算，屋面烟囱及斜沟部分所占面积不扣除。

（6）封檐板按图示檐口的外围长度计算，博风板按斜长度计算，每个大刀头增加长度500mm。

（7）木楼梯按水平投影面积计算，但楼梯井宽度超过300mm时应予扣除。定额已包括踏步板、踢脚板、休息平台和伸入墙内部分的工料，但未包括楼梯及平台底面的钉天棚。

其天棚工程量以楼梯投影面积乘以系数1.1，按装饰定额中相应天棚面层计算。

3.2.2.6　金属结构工程

（1）金属结构构件制作按图示尺寸以"t"计算，不扣除孔眼、切边、切肢的质量；焊条、铆钉、螺栓等质量，已包括在定额内，不另计算。在计算不规则或多边形钢板质量时，以其外接矩形面积乘以厚度再乘以单位理论质量计算。

（2）制动梁的制作工程量，包括制动梁、制动桁架、制动板质量。墙架的制作工程量，包括墙架柱、墙架梁及连接拉杆的质量。钢柱制作工程量，包括依附于柱上的牛腿及悬臂梁质量。

（3）天窗挡风架、柱侧挡风板、遮阳板支架制作工程量，均按挡风架子目计算主材质量。

（4）依附于钢柱上的牛腿及悬臂梁的主材质量，并入柱身主材质量内计算。

（5）钢屋架单榀质量在0.5t以下者，按轻钢屋架子目计算。

（6）压型钢板墙，按设计图示尺寸以铺挂面积计算。不扣除单个0.3m²以内孔洞所占面积，包角、包边、窗台泛水等不另增加面积。

3.2.2.7　屋面及防水工程

（1）平瓦、波瓦屋面、金属压型板（含挑檐部分）均按图示尺寸的水平投影面积乘以屋面坡度系数（表3.2.6），以"m²"计算，不扣除房上烟囱、竖风道、风帽底座、屋顶小气窗和斜沟等所占面积，屋面小气窗的出檐部分亦不增加。屋脊已包括在定额内，不另行计算。

表 3.2.6　　　　　　　　　　屋　面　坡　度　系　数　表

坡　度 $B(A = 1)$	坡　度 $B/2A$	坡角角度 α	延尺系数 $(A = 1)$	隔延尺系数 D $(A = 1)$
1	1/2	45°	1.4142	1.7321
0.750		36°52′	1.2500	1.6008
0.700		35°	1.2207	1.5779
0.666	1/3	33°40′	1.2015	1.5620
0.650		33°01′	1.1926	1.5564
0.600		30°58′	1.1662	1.5362
0.577		30°	1.1547	1.5270
0.550		28°49′	1.1413	1.5170
0.500	1/4	26°34′	1.1180	1.500
0.450		24°14′	1.0966	1.4839
0.400	1/5	21°48′	1.0770	1.4697
0.350		19°17′	1.0594	1.4569
0.300		16°42′	1.0440	1.4457
0.250		14°02′	1.0308	1.4362
0.200	1/10	11°19′	1.0198	1.4283
0.150		8°32′	1.0112	1.4221
0.125		7°08′	1.0078	1.4191
0.100	1/20	5°42′	1.0050	1.4177
0.083		4°45′	1.0035	1.4166
0.066	1/30	3°49′	1.0022	1.4157

图 3.2.2 中，两坡排水屋面面积为屋面水平投影面积乘以延尺系数 C，四坡排水屋面斜脊长度 $= A \times D$（当 $S = A$ 时），沿山墙泛水长度 $= A \times C$。

（2）卷材屋面工程量按以下规定计算：

1）卷材屋面按图示尺寸展开面积以"m^2"计算，不扣除房上烟囱、竖风道、风帽底座、屋顶小气窗和斜沟所占面积。女儿墙、伸缩缝和天窗等处弯起高度，按图示尺寸并入屋面工程量计算。如图纸无规定时，伸缩缝、女儿墙的弯起部分可按 250mm 计算，天窗弯起部分可按 500mm 计算，并入屋面工程量内。

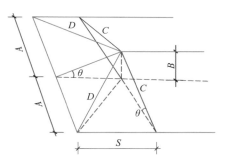

图 3.2.2　坡屋面示意图

2）卷材屋面的附加层、接缝、收头、找平层的嵌缝、冷底子油、基地处理剂已计入定额内，不另计算。

（3）刚性屋面和涂膜屋面工程量的计算卷材屋面。涂膜屋面的油膏嵌缝、玻璃布盖缝，以"延长米"计算。坡度小于 3°49′的屋面工程量按图示尺寸水平投影面积计算。

（4）防水工程工程量按下列规定计算：

1）建筑物地面防水、防潮层，按主墙间净空面积计算，扣除凸出地面的构筑物、设备基础等所占的面积，不扣除柱、垛、间壁墙、附墙烟囱及 0.3m² 以内孔洞所占的面积。与墙连接处高度在 500mm 以内者按展开面积计算，并入平面工程量内，超过 500mm 时，按立面防水层计算。

2）构筑物及建筑物地下室防水层，按实铺面积计算，但不扣除 0.3m² 以内孔洞面积。平面与立面交接处的防水层，其上卷高度超过 500mm 时，按立面防水计算。

3）防水卷材的附加层、接缝、收头、冷底子油等人工、材料均已计入定额内，不另计算。

4）变形缝按延长米计算。

（5）屋面排水工程量按以下规定计算：

1）铁皮排水按图示尺寸以展开面积计算；如图纸未标注尺寸时，按表 3.2.7（铁皮排水单体零件面积折算表）规定计算；咬口和搭接等已计入定额中，不另计算。

2）铸铁、玻璃钢及塑料落水管，区分不同直径、规格按图示尺寸以"延长米"计算；雨水口、水斗、弯头、短管以"个（套）"计算。

表 3.2.7　　　　　　　铁皮排水单体零件面积折算表

名　称		单位	天沟/m	斜沟、天窗窗台泛水/m	天窗侧面泛水/m	烟囱泛水/m	通气管泛水/m	滴水檐头泛水/m	滴水/m
铁皮排水	天沟、斜沟、天窗窗台泛水、天窗侧面泛水、烟囱泛水、通气管泛水、滴水檐头泛水、滴水	m²	1.30	0.50	0.70	0.80	0.22	0.24	0.11

3.2.2.8　防腐、隔热、保温工程

（1）防腐工程。防腐工程项目应区别不同防腐材料种类及其厚度，按设计图示尺寸以面积计算。平面防腐：扣除凸出地面的构筑物、设备基础等所占面积；立面防腐：砖垛等突出部分按展开面积并入墙面积内；踢脚线防腐：扣除门窗洞口所占面积并相应增加门洞侧壁面积。

（2）隔热、保温工程。

1）保温隔热层应区别不同保温隔热材料，除另有规定外，均按设计图示尺寸以面积计算。

2）保温隔热层的厚度按隔热材料（不包括胶结材料）净厚度计算。

3）隔热层地面按设计图示尺寸以面积计算，不扣除柱、垛所占的面积。

4）保温隔热墙：按设计图示尺寸以面积计算，扣除门窗洞口所占面积；门窗洞口侧壁需做保温时，并入保温墙体工程量内。

5）保温柱：按设计图示以保温层中心线展开长度乘以保温层高度计算。

6）其他有关说明。

a. 保温隔热墙的装饰面层，应按装饰工程中相应项目套用。柱帽保温隔热应并入天棚保温隔热工程量内。

　　b. 池槽保温隔热工程量清单计算规定：池壁、池底应分别列项，池壁应并入墙面保温隔热工程量内，池底应并入地面保温隔热工程量内。

3.2.2.9　楼地面工程

　　楼地面面层相关项目工程量计算规定如下。

　　（1）地面垫层：地面垫层面积同地面面积，应扣除沟道所占面积乘以垫层厚度以体积计算。

　　（2）防潮层：地面防潮层面积同地面面积，墙面防潮按图示尺寸以面积计算，不扣除 0.3m² 以内的孔洞。

　　（3）防滑条按楼梯踏步两端距离减 300mm，以"m"计算。

　　（4）弯头按"个"计算。

　　（5）楼地面嵌金属分隔条按图示尺寸以"m"计算。

3.2.2.10　墙柱面工程

　　（1）内墙面抹灰计价工程量计算：内墙面抹灰面积按主墙间净长乘以高度计算，扣除墙裙、门窗洞口及单个 0.3m² 以外的孔洞面积，不扣除踢脚线、挂镜线和墙与构件交接处的面积，门窗洞口和侧壁及顶面不增加面积。附墙柱、梁、垛、烟囱侧壁并入相应墙面面积内。抹灰高度：有吊顶者，其高度自楼地面至天棚下皮另加 10cm 计算；有墙裙者，其高度自墙裙顶点至天棚底面另加 10cm 计算。

　　（2）外墙窗间墙抹灰，以展开面积计算。

　　（3）墙（柱）面镶贴块料面层按实贴面积计算。

　　（4）墙面装饰抹灰相关项目工程量计算，抹灰厚度增减及分格嵌缝以面积计算。

　　（5）装饰板墙面中不锈钢卡口槽的工程量以"延长米"计算。

3.2.2.11　天棚工程

　　1. 天棚吊顶计价工程量计算

　　天棚吊顶装饰面积，按主墙间净空面积计算，不扣除间壁墙、检查口、附墙烟囱、柱、垛和管道所占面积，应扣除独立柱及与天棚相连的窗帘盒所占的面积。天棚中的折线、灯槽线、圆弧形线、拱形线及其他艺术形式天棚面层均按展开面积计算。

　　2. 天棚吊顶相关项目工程量计算

　　（1）各种吊顶天棚龙骨按主墙间净空面积计算，不扣除间壁墙、检查口、附墙烟囱、柱垛和管道所占面积，但天棚中的折线、灯槽线、圆弧形线等面积也不展开计算。

　　（2）天棚基层按展开面积计算。

　　（3）铝扣板收边线、石膏板缝按"延长米"计算。

　　（4）保温层按实铺面积计算。

　　（5）灯光槽按"延长米"计算。

3.2.2.12　门窗工程

　　1. 门窗计价工程量计算

　　（1）除电子感应门、转门、电动伸缩门以樘为单位计算外，其他各种门、窗按框外围面积以"m²"计算。纱门扇与纱亮子以门框中槛的上皮为分界。

（2）塑钢门（窗）纱扇的工程量按实际安装纱扇框外围面积计算。

（3）铝合金弧形、异形门窗按展开面积计算。门带窗分别套用相应子目计算，门算至门框外边线。

（4）铝合金卷闸门按面积计算（门高度按洞口高度加600mm，宽度按闸门实际宽度计算）。电动装置安装以套计算，小门安装以个计算。防火卷帘门以楼地面算至端板顶点乘以设计宽度计算。

$$铝合金卷闸门面积\ S＝宽度×（洞口高度＋600mm） \tag{3.2.7}$$

2. 特殊五金计价工程量计算

（1）吊装滑动门轨工程量以"延长米"计算。

（2）门锁、地锁、门轧头、防盗门扣、门眼、电子锁工程量以把为单位计算。

（3）门碰珠工程量以"只"为单位计算。

（4）暗插销工程量以"件"为单位计算。

3. 窗台板计价工程量计算

木窗台板按实铺面积计算，石材窗台板按"m³"计算。

3.2.3　综合单价的分析与确定

综合单价的计算采用定额组价的方法，即以计价定额为基础进行组合计算。因《计量规范》和各地定额中的工程量计算规则、计量单位、工程内容不尽相同，综合单价的计算不是简单的将其所含的各项费用进行汇总，而是需通过具体计算后综合而成。综合单价的编制步骤见图3.2.3。

图3.2.3　综合单价的编制步骤

$$分部分项工程量清单项目综合单价＝\sum（清单项目所含分项工程内容的综合单价$$
$$×其工程量）÷清单项目工程量 \tag{3.2.8}$$
$$规定计量单位项目人工费＝\sum（人工消耗量×单价） \tag{3.2.9}$$
$$规定计量单位项目材料费＝\sum（材料消耗量×单价） \tag{3.2.10}$$
$$规定计量单位项目机械使用费＝\sum（机械台班消耗量×单价） \tag{3.2.11}$$

人工、材料、机械台班的消耗量，可按企业定额或"定额消耗量"并结合工程情况分析确定。

人工、材料、机械台班单价，可根据自行采集的市场价格或省、市工程造价管理机构发布的市场价格信息，并结合工程情况确定。

以 2018 版《安徽省建设工程清单计价费用定额》为例，人工费市场单价为：31 元/工日。企业管理费和利润，按确定的建筑工程消耗量定额综合单价中人工费、机械费为计算基数，即

$$企业管理费＝（人工费＋机械费）×管理费费率 \qquad (3.2.12)$$
$$利润＝（人工费＋机械费）×利润率 \qquad (3.2.13)$$

3.2.3.1　确定清单项目的组价内容

清单项目一般以一个"综合实体"列项，包含了较多的工程内容，这样计价时可能出现一个清单项目对应多个定额子目的情况。因此，确定综合单价时，首先就是比较清单项目的工程内容与相应定额项目的工程内容，结合清单项目的特征描述，确定拟组价清单项目应该由哪几个定额子目来组合。

例如："实心砖墙"清单项目，《计价规范》规定的工程内容是砂浆制作、运输、砌砖、勾缝、砖压顶砌筑、材料运输。定额包括的工程内容与《计价规范》规定的工程内容一致，实心砖墙清单项目直接套砌砖墙定额组价。例如："现浇混凝土基础"清单项目，《计价规范》规定的工程内容是铺设垫层、混凝土制作、运输、浇筑、振捣、养护、地脚螺栓二次灌浆，定额分别列有垫层铺设、混凝土基础施工、地脚螺栓二次灌浆，所以"现浇混凝土基础"清单项目由垫层、基础、地脚螺栓二次灌浆预算基价项目复合组价。

3.2.3.2　计算组价内容的工程量

由于一个清单项目可能对应几个定额子目，而清单工程量计算的是主项工程量，与各地定额子目的工程量可能不一致；即便一个清单项目对应一个定额子目，也可能由于清单工程量计算规则与所采用的定额工程量计算规则之间存在差异，而导致两者的计价单位和计算出来的工程量不一致。因此，清单工程量不能直接用于计价，在计价时必须考虑施工方案等各种影响因素，根据所采用的计价定额及相应的工程量计算规则重新计算各定额子目的施工工程量。

定额子目工程量应严格按照与所采用的定额相对应的工程量计算规则计算。

例如："门窗"清单项目，《计价规范》规定的计量单位是"樘"，《消耗量定额》规定的计量单位是"m²"，两者工作内容相同，需重新计算工程量组价。再以建筑工程土石方工程中的基础土方工程量的计算为例，清单附录中规定了清单项目的计算规则："按设计图示尺寸以基础垫层底面积乘以挖土深度计算"。招标方就是按照这个计算规则进行清单项目的工程量计算，最终完成招标文件的编制。这个计算规则的优点是计算简便，使工程量的计算和项目编码变得简单而快捷，但这样计算出来的数据是一个虚数。因为在实际工作中，凡是构成大中型项目的基础土方工程，只要不采用基坑支护，一定要考虑工作面和放坡。清单报价时，实方单位体积是可以根据现行定额进行计价，也有市场价格可参考。因此投标方在报价时还要进行二次计算，计算出实方体积的定额工程量。按照《计价规范》的要求，招标人只要公布清单工程量，而定额工程量由投标人自行报价计算。

3.2.3.3　综合单价的组合方法

综上所述综合单价的组合方法有以下几种方法：直接套用定额组价、重新计算计价工

程量组价、复合组价、重新计算工程量复合组价。

（1）直接套用定额组价，指一个分项清单项目工程的单价仅有一个定额计价项目组合而成。这种组价方法较简单，定额包括的工程内容与《计价规范》规定的工程内容一致，在一个单位工程中大多数的分项清单工程可利用这种方法。

（2）重新计算工程量组价，是指工程量清单给出的分项工程项目的单位，与所用的定额的单位不同，或工程量计算规则不同，需要按定额的计算规则重新计算工程量来组价综合单价。此种方法工程量清单项目和定额子目的工程内容一样，只是工程量不同。

重新计算工程量组价，主要是按照所使用定额中的工程量计算规则计算工程量。

（3）复合组价，指工程量清单项目的单位、工程量计算规则与定额子目相同，但两者工程内容不同。这是因为清单项目原则上按实体设置的，而实体是由多个单一项目综合而成，清单项目的工程内容是由主体项目和相关项目构成，清单项目的名称是主体项目，主体项目和若干相关项目各为一个定额的子目，复合组价是对清单项目的各组成子目计算出合价并进行汇总后折算出该清单项目的综合单价。

（4）重新计算工程量复合组价，是指工程量清单给出的分项工程项目的单位，与所用的定额子目的单位不同，或工程量计算规则不同，并且两者工程内容也不同。需要根据清单项目的工程内容确定有哪些定额子目组成，按定额的计算规则重新计算主体项目的计价工程量，各定额子目计价计算出合价并进行汇总后折算出该清单项目的综合单价。

重新计算工程量复合组价，主要是根据《计价规范》的工作内容和工程量清单文件计算主体项目的计价工程量、相关项目的工程量。

【典型例题】

1. 计价工程量计算

【例 3.2.1】　某单位传达室基础平面图及基础详图见图 3.2.4，土壤为三类土、干土，场内运土，计算人工挖地槽工程量。

图 3.2.4　基础平面图及基础详图

解：（1）挖土深度：$1.90-0.30=1.60$（m）

（2）槽底宽度（加工作面）：$1.20+0.30\times2=1.80$（m）

（3）槽上口宽度（加放坡长度）：1.80＋1.60×0.33×2＝2.86(m)

（4）地槽长度：

外：(9.0＋5.0)×2＝28.0(m)　　内：(5.0－1.80)×2＝6.40(m)

（5）体积：1.60×(1.80＋2.86)×1/2×(28.0＋6.40)＝128.24(m³)

（6）挖出土场内运输：128.24m³。

【例 3.2.2】　某建筑物地下室见图 3.2.5，地下室墙外壁做涂料防水层，施工组织设计确定用反铲挖掘机挖土，土壤为三类土，机械挖土坑内作业，土方外运 1km，回填土已堆放在距场地 150m 处，计算挖土方工程量及回填土工程量。

图 3.2.5　地下室示意图

解：（1）挖土深度：3.50－0.45＝3.05(m)

（2）坑底尺寸（加工作面，从墙防水层外表面至坑边）：

$$30.30＋0.80×2＝31.90(m)$$
$$20.30＋0.80×2＝21.90(m)$$

（3）坑顶尺寸（加放坡长度）：

$$放坡长度＝3.05×0.25＝0.76(m)$$
$$31.90＋0.76×2＝33.42(m)$$
$$21.90＋0.76×2＝23.42(m)$$

（4）体积：(31.9×21.9＋33.42×23.42＋65.32×45.32)×3.05÷6＝2257.82(m³)

其中，人工挖土方量：

坑底整平　0.2×31.9×21.9＝139.72(m³)

修边坡　0.10×(31.9＋33.42)×1/2×3.14×2＝20.51(m³)

　　　　0.10×(21.9＋23.42)×1/2×3.14×2＝14.23(m³)

小计：

人工挖土方　139.72＋20.51＋14.23＝174.46(m³)（未超过挖土方总量的 10%）

机械挖土方　2257.82－174.46＝2083.36(m³)

（5）回填土。挖土方总量：2257.82m³

垫层量：$0.10 \times 31.0 \times 21.0 = 65.10(\text{m}^3)$

减底板：$0.40 \times 30.80 \times 20.80 = 256.26(\text{m}^3)$

减地下室：$2.55 \times 30.30 \times 20.30 = 1568.48(\text{m}^3)$

回填土量：$2257.82 - 65.10 - 256.26 - 1568.48 = 367.98(\text{m}^3)$

【例 3.2.3】　某建筑物基础打预制钢筋混凝土方桩 120 根，桩长（桩顶面至桩尖底）9.5m，断面尺寸为 250mm×250mm。试求：（1）打桩工程量；（2）若将桩送入地下 0.5m，求送桩工程量。

解：1. 计算预制钢筋混凝土桩的工程数量

（1）计算公式：按设计图示尺寸以桩长（包括桩尖）或根数计算。

（2）桩长为 9.5m，断面尺寸为 250mm×250mm，数量为 120 根，打预制钢筋混凝土方桩的工程量为 $9.5 \times 120 = 1140(\text{m})$（或 120 根）。

（3）单根方桩送桩长度 $= 0.5 + 0.5 = 1.0(\text{m})$，则总工程量为 $1.0 \times 120 = 120(\text{m})$。

2. 如果是施工企业编制投标报价，按建设主管部门规定方法计算工程量

（1）打桩工程量：

$$V = F \times L \times N = 0.25 \times 0.25 \times 9.5 \times 120 = 71.25(\text{m}^3)$$

（2）送桩工程量：

$$\text{送桩长度} = 0.5 + 0.5 = 1.0(\text{m})$$

则　　　$\text{送桩工程量} = F \times \text{送桩长度} \times \text{送桩数量} = 0.25 \times 0.25 \times 1 \times 120 = 7.5(\text{m}^3)$

【例 3.2.4】　某工程为人工挖孔灌注混凝土桩，混凝土强度等级 C20，数量为 60 根，设计桩长 8m，桩径 1.2m，已知土壤类别为四类土，求该工程混凝土灌注桩的工程数量。

解：混凝土灌注桩的工程数量计算如下。

计算公式：按设计图示尺寸以桩长（包括桩尖）或者说根数计算。

则土壤类别为四类土、混凝土强度等级为 C20、数量为 60 根、设计桩长 8m、桩径 1.2m，人工挖孔灌注混凝土桩的工程数量：$8 \times 60 = 480(\text{m})$（或 60 根）

如果是施工企业编制投标报价，应按建设主管部门规定方法计算工程量。

$$\text{单根桩工程量}：V_桩 = \pi \times \left(\frac{1.2}{2}\right)^2 \times 8 = 9.048(\text{m}^3)$$

$$\text{总工程量} = 9.048 \times 60 = 542.88(\text{m}^3)$$

【例 3.2.5】　某单位传达室基础平面图及基础详图见图 3.2.6，室外地坪±0.00m，防潮层−0.06m，防潮层以下用 M10 水泥砂浆砌标准砖基础，防潮层以上为多空砖墙身。计算砖基础、防潮层的工程量。

解：（1）外墙基础长度，外：$(9.0 + 5.0) \times 2 = 28.0(\text{m})$

内墙基础长度，内：$(5.0 - 0.24) \times 2 = 9.52(\text{m})$

（2）基础高度：$1.30 + 0.30 - 0.06 = 1.54(\text{m})$

大放脚折加高度：等高式，240 厚墙，2 层，双面，0.197m。

（3）体积：$0.24 \times (1.54 + 0.197) \times (28.0 + 9.52) = 15.64(\text{m}^3)$

（4）防潮层面积：$0.24 \times (28.0 + 9.52) = 9.00(\text{m}^2)$

图 3.2.6　基础平面图及基础详图

【例 3.2.6】　某单位传达室基础平面图、剖面图、墙身大样图见图 3.2.7，构造柱 240mm×240mm，有马牙槎与墙嵌接，圈梁 240mm×300mm，屋面板厚 100mm，门窗上口无圈梁处设置过梁厚 120mm，过梁长度为洞口尺寸两边各加 250mm，窗台板厚 60mm，长度为窗洞口尺寸两边各加 60mm，窗两侧有 60mm 宽砖砌窗套，砌体材料为 KP1 多空砖，女儿墙为标准砖，计算墙体工程量。

解：（1）一砖墙。

1）墙长度，外：　　　　$(9.0+5.0)×2=28.0(m)$

　　　　　　　内：　　　　$(5.0-0.24)×2=9.52(m)$

2）墙高度（扣圈梁、屋面板厚度，加防潮层至室内地坪高度）：

　　　　　　　　　$2.8-0.30+0.06=2.56(m)$

3）外墙体积：外：　$0.24×2.56×28.0=17.20(m^3)$

减构造柱：　　　　$0.24×0.24×2.56×8=1.18(m^3)$

减马牙槎：　　$0.24×0.06×2.56×1/2×16=0.29(m^3)$

减 C1 窗台板：　　　$0.24×0.06×1.62×1=0.02(m^3)$

减 C2 窗台板：　　　$0.24×0.06×1.32×5=0.10(m^3)$

减 M1：　　　　　　$0.24×1.20×2.50×2=1.44(m^3)$

减 C1：　　　　　　$0.24×1.50×1.50×1=0.54(m^3)$

减 C2：　　　　　　$0.24×1.20×1.50×5=2.16(m^3)$

　　　　　　　　外墙体积 $=11.47m^3$

4）内墙体积：内：　　$0.24×2.56×9.52=5.85(m^3)$

减马牙槎：　　$0.24×0.06×2.56×1/2×4=0.07(m^3)$

减过梁：　　　　　$0.24×0.12×1.40×2=0.08(m^3)$

减 M2：　　　　　　$0.24×0.90×2.10×2=0.91(m^3)$

内墙体积 $=4.79m^3$

编号	宽	高	榿数
M1	1200	2500	2
M2	900	2100	3
C1	1500	1500	1
C2	1200	1500	5

图 3.2.7　基础平面图、剖面图、墙身大样图

5）一砖墙合计：　　　　　$11.47 + 4.79 = 16.26（m^3）$

（2）半砖墙。

1）内墙长度：　　　　　$3.0 - 0.24 = 2.76（m）$

2）墙高度：　　　　　$2.80 - 0.10 = 2.70（m）$

3）体积：　　　　　$0.115 \times 2.70 \times 2.76 = 0.86（m^3）$

减过梁：　　　　　$0.115 \times 0.12 \times 1.40 = 0.02（m^3）$

减 M2：　　　　　$0.115 \times 0.90 \times 2.10 = 0.22（m^3）$

4）半砖墙合计：$0.62 m^3$。

（3）女儿墙。

1）墙长度：　　　　　$(9.0 + 5.0) \times 2 = 28.0（m）$

2）墙高度：　　　　　$0.30 - 0.06 = 0.24（m）$

3）体积：　　　　　$0.24 \times 0.24 \times 28.0 = 1.61（m^3）$

【例 3.2.7】　某工业厂房柱的断面尺寸为 400mm×600mm，杯形基础尺寸如图 3.2.8 所示，试求杯形基础的混凝土工程量。

图 3.2.8 杯形基础图

解:（1）下部矩形体积：$V_1 = 3.5 \times 4 \times 0.5 = 7(\text{m}^2)$

（2）中部棱台体积：$V_2 = 1/3 \times 0.5 \times [3.5 \times 4 + 1.35 \times 1.55 + (3.5 \times 4 + 1.35 \times 1.55) \times 1/2] = 4.02(\text{m}^3)$

（3）上部矩形体积：$V_3 = 1.35 \times 1.55 \times 0.6 = 1.26(\text{m}^3)$

（4）杯口净空体积：$V_4 = 1/3 \times 0.7 \times [0.55 \times 0.75 + 0.5 \times 0.7 + (0.55 \times 0.75 + 0.5 \times 0.7) \times 1/2] = 0.27(\text{m}^3)$

（5）杯形基础体积：$V = V_1 + V_2 + V_3 - V_4 = 7 + 4.02 + 1.26 - 0.27 = 12.01(\text{m}^3)$

【例 3.2.8】 求 10 块多边形连接钢板的重量，最大的对角线长 640mm，最大宽度 420mm，板厚 4mm，如图 3.2.9 所示。

图 3.2.9 多边形钢板

解:（1）钢板面积：$0.64 \times 0.42 = 0.2688(\text{m}^2)$

（2）查预算手册钢板每平方米理论重量：31.4kg/m²。

（3）图示重量：$0.2688 \times 31.4 = 8.44(\text{kg})$

（4）工程量：$8.44 \times 10 = 84.4(\text{kg})$

2. 综合单价分析

（1）直接套用定额组价。

【例 3.2.9】 某建筑工程清单项目如下：010403001001 基础梁 3.18m³。已知：梁底标高：-0.6m，梁截面：240mm×240mm，混凝土强度等级：C20，混凝土：现场搅拌，石子粒径：40mm。根据企业定额及市场行情确定各分项人工、材料、机械单价见表

215

3.2.8，计算综合单价。

　　其中管理费费率：25%，利润率：18%，不考虑风险因素。

　　根据《安徽省建筑工程消耗量定额》及市场行情确定各分项人工、材料、机械单价见表 3.2.8。

表 3.2.8　　　　　　　　　　　**现浇混凝土梁**

	定额编号	A4－16	A4－17	A4－18
	定额名称	基础梁	单梁、连续梁、框架梁	异形梁、挑梁
	计量单位	m^3	m^3	m^3
其中	人工费/元	63.67	65.84	75.73
	材料费/元	183.60	188.55	183.56
	机械费/元	7.77	7.77	7.77

　　解：根据题意，套用定额编号 A4－16，计算过程如下：

$$企业管理费＝（人工费＋机械费）×25\%$$
$$＝（63.67＋7.77）×25\%＝17.86（元）$$
$$利润＝（人工费＋机械费）×18\%$$
$$＝（63.67＋7.77）×18\%＝12.86（元）$$

分部分项工程工程量清单综合单价计算表见表 3.2.9。

表 3.2.9　　　　　　　**分部分项工程工程量清单综合单价计算表（一）**

工程名称：某建筑工程　　　　　　　　　　　　计量单位：m^3
项目编号：010403001001　　　　　　　　　　 工程数量：3.18
项目名称：基础梁　　　　　　　　　　　　　　 综合单价：285.76

序号	定额编号	工程内容	单位	数量	人工费/元	材料费/元	机械费/元	管理费/元	利润/元	风险	小计/元
1	A4－16	矩形柱	m^3	3.18	63.67	183.60	7.77	17.86	12.86	0	285.76
		合计	元								285.76

$$分部分项工程量清单项目综合单价＝\sum（清单项目所含分项工程内容的综合单价$$
$$×其工程量）÷清单项目工程量$$
$$＝（285.76×3.18）÷3.18$$
$$＝285.76（元/m^3）$$

其中
　　　　　　　　人工费＝63.67×3.18÷3.18＝63.67（元）
　　　　　　　　材料费＝183.60×3.18÷3.18＝183.60（元）
　　　　　　　　机械费＝7.77×3.18÷3.18＝7.77（元）
　　　　　　　　管理费＝17.86×3.18÷3.18＝17.86（元）
　　　　　　　　利润＝12.86×3.18÷3.18＝12.86（元）

分部分项工程工程量清单综合单价分析表见表 3.2.10。

表 3.2.10　　　　　　　分部分项工程工程量清单综合单价分析表（一）

工程名称：某建筑工程　　　　　　　　　　　　计量单位：m³
项目编号：010403001001　　　　　　　　　　工程数量：3.18
项目名称：基础地圈梁　　　　　　　　　　　　综合单价：285.76

序号	项目编码	项目名称	项目特征及工程内容	单位	综合单价组成/元						
					人工费	材料费	机械费	管理费	利润	风险	综合单价
1	010403001001	基础地圈梁	小计	m³	63.67	183.60	7.77	17.86	12.86		285.76
			梁底标高：−0.6m 梁截面：240×240 混凝土强度等级：C20 混凝土：现场搅拌 石子粒径：40mm	m³	63.67	183.60	7.77	17.86	12.86		

（2）重新计算工程量组价。

【例 3.2.10】　　清单项目如下：020406007001　塑钢窗　单层　10樘

塑钢窗尺寸：1800mm×1800mm，根据《安徽省装饰工程消耗量定额综合单价》，计算综合单价。其中管理费费率 16%，利润率：7.5%，不考虑风险因素。

根据《安徽省建筑工程消耗量定额》及市场行情确定各分项人工、材料、机械单价见表 3.2.11。

表 3.2.11　　　　　　　　　　门　窗　表

定额编号		B4－20	B4－45	B4－55	B4－61
定额名称		铝合金推拉窗双扇带亮	塑钢窗　单层	实木门框	装饰板门扇制作装饰面层
计量单位		100m²	100m²	100m	100m²
其中	人工费/元	3011.34	1736.00	310.00	1581.00
	材料费/元	16106.73	23470.87	865.38	3699.34
	机械费/元	151.96	58.84	0.00	0.00

解：根据题意，套用定额编号 B4－45，计算过程如下：

塑钢窗尺寸：1800mm×1800mm，计价工程量：$1.80 \times 1.80 \times 10 = 32.40（m²）$

企业管理费＝（人工费＋机械费）×16%

　　　　　　＝（1736.00＋58.84）×16%＝287.17（元）

利润＝（人工费＋机械费）×7.5%

　　　　＝（1736.00＋58.84）×7.5%＝134.61（元）

分部分项工程工程量清单综合单价计算表见表 3.2.12。

表3.2.12 **分部分项工程工程量清单综合单价计算表（二）**

工程名称：某建筑工程 计量单位：樘
项目编号：020406007001 工程数量：10
项目名称：塑钢窗 综合单价：832.28

序号	定额编号	工程内容	单位	数量	人工费/元	材料费/元	机械费/元	管理费/元	利润/元	风险	小计/元
1	B4-45	塑钢窗制作安装	100m²	0.324	1736.00	23470.87	58.84	287.17	134.61		25687.50
		合计	元								832.28

分部分项工程量清单项目综合单价＝∑（清单项目所含分项工程内容的综合单价

×其工程量）÷清单项目工程量

＝（25687.50×0.324）÷10＝832.28（元/樘）

其中
人工费＝1736.00×0.324÷10＝56.25（元）

材料费＝23470.87×0.324÷10＝760.46（元）

机械费＝58.84×0.324÷10＝1.91（元）

管理费＝287.17×0.324÷10＝9.30（元）

利润＝134.61×0.324÷10＝4.36（元）

分部分项工程工程量清单综合单价分析表见表3.2.13。

表3.2.13 **分部分项工程工程量清单综合单价分析表（二）**

工程名称：某建筑工程 计量单位：樘
项目编号：020406007001 工程数量：10
项目名称：塑钢窗 综合单价：832.28

序号	项目编码	项目名称	项目特征及工程内容	单位	人工费	材料费	机械费	管理费	利润	风险	综合单价
			小计	樘	56.25	760.46	1.91	9.30	4.36		832.28
1	020406007001	塑钢窗	窗类型：单层 窗尺寸：1800mm×1800mm	樘	56.25	760.46	1.91	9.30	4.36		

【例3.2.11】 平整场地清单项目如下，010101001001，建筑物首层外墙外边线尺寸如图3.2.10所示。

（1）人工费市场单价为31元/工日，企业管理费率为19%，利润费率为15%，不考虑风险因素。

（2）《安徽省建筑工程消耗量定额》中场地平整、回填土、打夯见表3.2.14。

图3.2.10 首层外墙外边线示意图

表 3.2.14　　　　　　　　　　　**场地平整、回填土、打夯**

工作内容：场地平整厚度在 30cm 以内地挖、填、找平　　　　　　　　　　　　　　　　计量单位：m²

定　额　编　号			A1－26
项　目　名　称			场地平整
名　　　称		单位	消　耗　量
人工	综合工日	工日	0.032
机械	电动夯实机	台班	

解： 根据《清单计价规范》，平整场地是按建筑物首层面积计算：

$$工程量 = 50 \times 26 = 1300(m^2)$$

根据预算定额计算规则为周边各加 2m 计算工程量：

$$工程量 = (50+4) \times (26+4) = 1620(m^2)$$

$$规定计量单位项目人工费 = \sum(人工消耗量 \times 单价)$$

$$= 0.032 \times 31 = 0.992(元)$$

$$规定计量单位项目材料费 = \sum(材料消耗量 \times 单价) = 0$$

$$规定计量单位项目机械使用费 = \sum(机械台班消耗量 \times 单价) = 0$$

$$企业管理费 = (人工费 + 机械费) \times 19\%$$

$$= (0.992 + 0.00) \times 19\% = 0.19(元)$$

$$利润 = (人工费 + 机械费) \times 15\%$$

$$= (0.992 + 0.00) \times 15\% = 0.15(元)$$

分部分项工程工程量清单综合单价计算表见表 3.2.15。

表 3.2.15　　　　　　**分部分项工程工程量清单综合单价计算表（三）**

工程名称：某建筑工程　　　　　　　　　　　　　　　计量单位：m²
项目编号：010101001001　　　　　　　　　　　　　工程数量：1300
项目名称：平整场地　　　　　　　　　　　　　　　　综合单价：1.67

序号	定额编号	工程内容	单位	数量	综合单价组成/元					小计/元
					人工费	材料费	机械费	管理费	利润	
1	A1－26	30cm 以内地挖、填、找平	m²	1620	0.992	—		0.19	0.15	1.33
		合　　计								1.67

$$分部分项工程量清单项目综合单价 = \sum(清单项目所含分项工程内容的综合单价$$

$$\times 其工程量) \div 清单项目工程量$$

$$= (1.33 \times 1620) \div 1300$$

$$= 1.67(元 / m^2)$$

分部分项工程工程量清单综合单价分析表见表 3.2.16。

表 3.2.16　　　　　　　　**分部分项工程工程量清单综合单价分析表（三）**

工程名称：某建筑工程　　　　　　　　　　　　计量单位：m²

项目编号：010101001001　　　　　　　　　　工程数量：1300

项目名称：平整场地　　　　　　　　　　　　　综合单价：1.67

序号	项目编码	项目名称	项目特征及工程内容	综合单价组成/元					综合单价/元
				人工费	材料费	机械费	管理费	利润	
1	010101001001	场地平整	30cm 以内地挖、填找平	1.24	—	—	0.24	0.19	1.67

（3）复合组价。

【例 3.2.12】　清单项目如下：010702001001 屋面卷材防水及找平层 150.24 m²，根据《安徽省建筑工程消耗量定额综合单价》计算综合单价。其中管理费费率 19%，利润率 13%，不考虑风险因素。

其清单项目工程内容，包括：1∶2 水泥砂浆 20mm 厚；SBS 改性沥青防水卷材、热熔法（满铺）、一层。

根据安徽省消耗量定额及市场行情确定各分项人工、材料、机械单价见表 3.2.17。

表 3.2.17　　　　　　　　**屋 面 卷 材 防 水**

定 额 编 号		A7 - 27	B1 - 18
定 额 名 称		SBS 改性沥青防水卷材热熔法（满铺）一层	1∶2 水泥砂浆　20mm 厚
计 量 单 位		m²	100m²
其中	人工费/元	2.20	241.80
	材料费/元	26.68	490.97
	机械费/元		8.50

解：根据题意，套用定额编号 A7 - 27、B1 - 18，计算过程如下：

SBS 改性沥青防水卷材：管理费＝(2.20＋0)×19%＝0.42(元)

利润＝(2.20＋0)×13%＝0.29(元)

小计＝人工费＋材料费＋机械费＋管理费＋利润

＝2.20＋26.63＋0＋0.42＋0.29＝29.54(元)

1∶2 水泥砂浆 20mm 厚：管理费＝(241.80＋8.50)×19%＝47.56(元)

利润＝(241.80＋8.50)×13%＝32.54(元)

小计＝人工费＋材料费＋机械费＋管理费＋利润

＝241.80＋490.97＋8.50＋47.56＋32.54＝821.37(元)

分部分项工程工程量清单综合单价计算表见表 3.2.18。

表 3.2.18　　　　　　**分部分项工程工程量清单综合单价计算表（四）**

工程名称：某建筑工程　　　　　　　　　　　　计量单位：m²
项目编号：010702001001　　　　　　　　　　工程数量：150.24
项目名称：屋面卷材防水及找平层　　　　　　　综合单价：37.74

序号	定额编号	工程内容	单位	数量	人工费/元	材料费/元	机械费/元	管理费/元	利润/元	风险	小计/元
1	A7-27	SBS改性沥青防水卷材热熔法（满铺）一层	m²	150.24	2.20	26.63		0.42	0.29		29.54
	B1-18	1∶2水泥砂浆20mm厚	100m²	1.50	241.80	490.97	8.50	47.56	32.54		821.37
		合　计	元								37.74

$$分部分项工程量清单项目综合单价 = \sum(清单项目所含分项工程内容的综合单价$$
$$\times 其工程量) \div 清单项目工程量$$
$$= (29.54 \times 150.24 + 821.37 \times 1.50) \div 150.24$$
$$= 37.74(元/m^2)$$

分部分项工程工程量清单综合单价分析表见表 3.2.19。

表 3.2.19　　　　　　**分部分项工程工程量清单综合单价分析表（四）**

工程名称：某建筑工程　　　　　　　　　　　　计量单位：m²
项目编号：010702001001　　　　　　　　　　工程数量：150.24
项目名称：屋面卷材防水及找平层　　　　　　　综合单价：37.74

序号	项目编码	项目名称	项目特征及工程内容	单位	综合单价组成/元						综合单价
					人工费	材料费	机械费	管理费	利润	风险	
1	010702001001	屋面卷材防水及找平层	小计	m²	4.61	31.53	0.08	0.90	0.62		37.74
			SBS改性沥青防水卷材热熔法（满铺）一层	m²	2.20	26.63		0.42	0.29		
			1∶2水泥砂浆20mm厚	100m²	2.41	4.90	0.08	0.48	0.33		

（4）重新计算工程量复合组价。

【例 3.2.13】　　计算某建筑楼地面工程的综合单价。要求列出计算过程，将计算结果填入分部分项工程工程量清单综合单价分析表中。（给定条件：管理费率为 6.5%，利润率为 5.4%，计算结果保留 2 位小数）

1. 经业主根据施工图计算：水泥砂浆楼地面工程，工程数量为 66.54m²。

2. 经投标人根据地质资料和施工方案计算。

（1）水泥砂浆地面 66.54m²。

（2）水泥砂浆踢脚线 22m。

（3）混凝土基础垫层 6.654m³。

3. 根据安徽省消耗量定额及市场行情确定各分项人工、材料、机械单价见表 3.2.20。

表 3.2.20   **水泥砂浆楼地面**

	定额编号	A2－273	B1－1	B1－141
	项 目	基础垫层	水泥砂浆楼地面	水泥砂浆踢脚线
	单位	m³	100m²	100m²
其中	人工费/元	2.44	318.37	1033.54
	材料费/元	162.41	502.41	392.41
	机械费/元	4.89	20.96	20.35

解： 根据题意，套用定额编号 A2－273、B1－1、B1－141，计算过程如下。

水泥砂浆踢脚线的面积＝22×0.15＝3.3(m²)

管理费＝(人工费＋机械费)×6.9％

利润＝(人工费＋机械费)×5.4％

分部分项工程工程量清单综合单价计算表见表 3.2.21。

表 3.2.21   **分部分项工程工程量清单综合单价计算表（五）**

工程名称：某装饰工程   计量单位：m²

项目编号：020101001001   工程数量：66.54

项目名称：水泥砂浆楼地面   综合单价：31.17

序号	定额编号	工程内容	单位	数量	人工费/元	材料费/元	机械费/元	管理费/元	利润/元	风险	小计/元
1	A2－273	混凝土 无筋 现浇	m³	6.6540	42.44	162.41	4.89	3.27	2.56		215.57
2	B1－1	水泥砂浆楼地面 20mm 厚	100m²	0.6654	318.37	502.41	20.96	23.41	18.32		883.47
3	B1－141	水泥砂浆踢脚线	100m²	0.0330	1033.54	392.41	20.35	72.72	56.91		1575.93

综合单价＝(6.6540×215.57＋0.6654×883.48＋0.0330×1575.93)/66.54

＝31.17(元 /m²)

分部分项工程工程量清单综合单价分析表见表 3.2.22。

表 3.2.22   **分部分项工程工程量清单综合单价分析表（五）**

工程名称：某装饰工程   计量单位：m²

项目编号：020101001001   工程数量：66.54

项目名称：水泥砂浆楼地面   综合单价：31.17

序号	项目编码	项目名称	项目特征及工程内容	单位	综合单价组成/元						
					人工费	材料费	机械费	管理费	利润	风险	综合单价
1	020101001001	水泥砂浆楼地面	小 计		7.94	21.46	0.71	0.60	0.47		31.17
			混凝土无筋现浇	m³	4.24	16.24	0.49	0.33	0.26		21.56
			水泥砂浆楼地面 20mm 厚	100m²	3.18	5.02	0.21	0.23	0.18		8.83

【自测训练】

1. 某工程坑底面积为矩形，如图 3.2.11 所示，尺寸为 32m×16m，深为 2.8m，地下水位距自然地面为 2m，土为坚土，试计算人工挖土方的工程量。

2. 如图 3.2.12 所示，底宽 1.2m，挖深 1.5m，土质为三类土，求人工挖地槽两侧边坡各放宽多少？

图 3.2.11 矩形工程示意图

图 3.2.12 人工挖地槽示意图

3. 某工程实心砖墙工程量清单示例见表 3.2.23，按照表 3.2.23 提供的实心砖墙工程量清单，计算实心砖墙清单项目的综合单价。企业管理费取 20%，利润取 9%。

表 3.2.23　　　　　　　　　　　　　砌筑工程工程量清单

序号	项目编码	项　目　名　称	计量单位	工程数量
1	010302001001	实心砖外墙：MU10 水泥实心砖，墙厚一砖，M5.0 混合砂浆砌筑	m³	120
2	010302001002	实心砖窗下外墙：MU10 水泥实心砖，墙厚 3/4 砖，M5.0 混合砂浆砌筑；外侧 1:2 水泥砂浆加浆勾缝	m³	8.1
3	010302001003	实心砖内隔墙：MU10 水泥实心砖，墙厚 3/4 砖，M5.0 混合砂浆砌筑（墙顶现浇楼板长度 24.6m，板厚 120mm）	m³	60

注　因窗下墙单独采用加浆勾缝，砌体计价组合内容与内隔墙不同，故单独列项。

（1）M5.0 混合砂浆砌筑 MU10 水泥实心砖一砖厚外墙。

套用《安徽省建筑工程消耗量定额综合单价》A3-9 子目：人工费 47.06 元/m³，材料费 172.55 元/m³，机械费 2.34 元/m³。

（2）M5.0 混合砂浆砌筑 MU10 水泥实心砖 3/4 砖厚内隔墙。

套用《安徽省建筑工程消耗量定额综合单价》A3-8 子目：人工费 58.28 元/m³，材料费 170.05 元/m³，机械费 2.22 元/m³。

4. 如图 3.2.13 所示构造柱，总高为 24m，16 根，混凝土为 C25，计算构造柱现浇混凝土工程量，并确定其综合单价。企业管理费取 20%，利润取 9%。

查《安徽省建筑工程消耗量定额综合单价》A4-15 子目：人工费 73.73 元/m³，材料费 370 元/m³，机械费 7.77 元/m³。

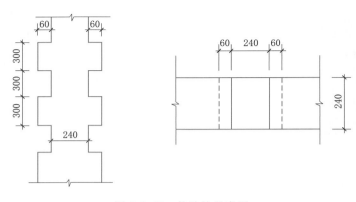

图 3.2.13 构造柱示意图

任务 3.3 措施项目投标报价计算

【学习目标】

(1) 了解措施项目的计价方式。

(2) 掌握措施项目费用的计算。

【相关知识】

3.3.1 措施项目清单计价流程

措施项目费是指不直接形成工程主体,而有助于工程实体形成的各项费用,包括发生于该工程施工前和施工过程中技术、生活、安全等方面的非工程实体项目费用。

施工措施费分为施工技术措施费和施工组织措施费。施工技术措施费按《安徽省建设工程工程量清单计价规范》和《安徽省建设工程消耗量定额》的规定确定。施工组织措施费按《安徽省建设工程清单计价费用定额》规定,结合工程实际情况确定。

工程量清单文件中列出了与本工程有关的各类施工措施项目名称,没有具体的工程量,是招标人根据一般情况提出的,没有考虑不同投标人的"个性"。编制工程标底时按照各专业预算基价和计价办法中的施工措施项目计价规定计算。投标报价时参照各专业预算基价和计价办法中的施工措施项目计价规定计算,也可根据投标人情况自主计算,报价必须附计算说明。措施项目清单计价流程如图 3.3.1 所示。

3.3.2 措施项目清单计价方法

施工措施项目清单计价有以下两种方法。

(1)《计量规范》规定予以计量的措施项目,其计算公式为

$$措施项目费 = \sum(措施项目工程量 \times 综合单价) \tag{3.3.1}$$

(2)《计量规范》规定不宜计量的措施项目,其计算方法如下:

$$措施项目费 = \sum 计算基数 \times 相应措施项目费费率 \tag{3.3.2}$$

3.3.2.1 按综合单价计价的方法

1. 综合单价计价的一般顺序

(1) 根据施工措施项目清单和拟建工程的施工组织设计,确定施工措施项目。

(2) 确定该施工措施项目所包含的工程内容。

图 3.3.1　措施项目清单计价流程

（3）以现行的建筑和装饰定额规定的工程量计算规则，分别计算该施工措施项目所含每项工程内容的工程量。

（4）按消耗量定额的规定确定每项工程内容的人工、材料、机械的消耗量。

（5）确定工日单价、材料价格、施工机械台班单价，计算每项工程内容人工费、材料费、施工机械使用费。

$$人工费＝工程量×分项工程每一计量单位的人工费 \tag{3.3.3}$$
$$材料费＝工程量×分项工程每一计量单位的材料费 \tag{3.3.4}$$
$$机械费＝工程量×分项工程每一计量单位的机械费 \tag{3.3.5}$$

（6）计算每项工程内容的管理费和利润。

$$管理费＝（人工费＋机械费）×管理费费率 \tag{3.3.6}$$
$$利润＝（人工费＋机械费）×利润率 \tag{3.3.7}$$

（7）计算每项工程内容的综合价格，汇总形成该项施工措施费的综合单价（施工措施项目以"项"为单位）。

$$综合价格＝人工费＋材料费＋机械费＋企业管理费＋利润 \tag{3.3.8}$$
$$施工措施费的综合单价＝汇总每项工程内容的综合价格 \tag{3.3.9}$$

用此种方法计价的措施项目有：脚手架、混凝土和钢筋混凝土模板及支架、垂直运输、超高增加、大型机械设备进出场及安拆、施工排水和降水等。

2. 单价措施项目工程量计算规则

（1）脚手架工程量，按以下规定计算。

1）凡砌筑高度超过 1.2m 的砌体，均需计算脚手架。

2）外脚手架按外墙中心线乘以檐高以"m²"计算，不扣除门窗洞口、车辆通道、变形缝等所占面积。突出墙外超过 24cm 的墙垛、附墙烟囱，按图示尺寸展开长度乘以高度计算，并入脚手架工程量内。

3）同一建筑物高度不同时，按不同高度分别计算，山墙尖部分的高度应折半计算。

4）砌筑高度在 3.6m 以内者，按里脚手架计算；超过 3.6m，按外脚手架计算。砖柱脚手架，按柱断面周长加 3.6m，乘以柱高以"m²"计算。围墙脚手架按室外自然地坪至围墙顶面的砌筑高度，乘以围墙长度以"m²"计算。

5）现浇钢筋混凝土框架柱、梁、板均不计算脚手架。若为安装预制钢筋混凝土板者，其高度超过 3.6m 时，以框架部分轴线面积计算脚手架。8m 以内的按满堂脚手架基本层定额乘以系数 0.3 计算，超过 8m 部分按增加层定额乘以系数 0.3 计算。

6）室内单独的梁、柱，可计算混凝土梁、柱脚手架，柱按外围尺寸加 3.6m 乘以柱的高度以"m²"计算；梁按梁的净长度乘以室内地坪至梁顶面高度以"m²"计算。高度在 3.6m 以上者，按外脚手架定额乘以系数 0.3 计算。

7）现浇钢筋混凝土剪力墙脚手架按照砌筑脚手架规则计算。

8）现浇钢筋混凝土满堂基础及深度（自设计室外地坪下）超过 2m 的混凝土独立基础、设备基础，均按搭设的满堂基础脚手架面积，套用满堂脚手架基本层定额乘以系数 0.3 计算。

9）外装饰脚手架按设计外墙装饰长度，乘以室外地坪至装饰面顶端高度以"m²"计算，不扣除门窗、洞口、车辆通道以及原有装饰面层所占的面积。

10）室内天棚抹灰距设计室内地坪在 3.6m 以上时，应按楼地面中心线面积计算满堂脚手架，不扣除柱、垛所占的面积。满堂脚手架高度在 3.6～5.2m 时，计算基本层；超过 5.2m 时，每增加 1.2m 按增加一层计算，不足 0.6m 的不计。

11）室内柱面、梁面、墙面装饰高度超过 3.6m，不能利用原脚手架时，可计算装饰脚手架。装饰脚手架根据不同高度套用外脚手架相应项目乘以系数 0.2。其中：柱面按图示结构外围周长加 3.6m 乘以柱的高度以"m²"计算，梁面、墙面按梁、墙净长乘以室内地坪至楼板底之间的高度以"m²"计算。

12）斜道，区别不同高度以座计算。

13）水平防护架，按实际铺设的水平投影面积以"m²"计算。

14）垂直防护架，按自然地坪至最上一层横杆之间的搭设高度，乘以实际搭设长度以"m²"计算。

15）结构用电梯井脚手架按单孔以"座"计算。

16）挑脚手架按搭设长度和层数以"延长米"计算。

17）悬空脚手架，按装饰面的水平投影面积以"m²"计算。

18）架空运输道脚手架按搭设长度以"延长米"计算，搭设宽度以超过 2m 为准。如宽度超过 2m 时，应按相应项目乘以系数 1.2；超过 3m 时，按相应项目乘以系数 1.5。

19）立挂式安全网按挂网部分实挂长度乘以实挂高度以"m²"计算。

20）挑出式安全网按挑出的水平投影面积以"m²"计算。

21）烟囱、水塔脚手架，区别不同的直径和搭设高度以座计算。采用滑模施工的钢筋混凝土烟囱、筒仓、水塔不计算脚手架。

22）砌筑贮仓脚手架，部分单筒或贮仓组均按单筒外边线周长，乘以设计室外地坪到贮仓上口的高度以"m²"计算。

23）脚手架应综合利用，如遇特殊构造而影响施工，不可避免发生再次搭拆的，可在施工组织设计中说明，并在搭拆前办妥签证。

（2）现浇混凝土及钢筋混凝土模板工程量，按以下规定计算。

1）现浇混凝土及混凝土模板工程量除另有规定者外，均按混凝土与模板的接触面积以"m²"计算。

2）钢筋混凝土墙、板上单孔面积在 0.30m² 以内的孔洞，不予扣除，洞侧壁模板不另增加，但突出墙面、板面的侧壁模板应相应增加。单孔面积在 0.30m² 以外的孔洞，应予扣除，洞侧壁模板面积并入墙、板模板工程量之内计算。

3）现浇钢筋混凝土框架分别按梁、板、柱、墙有关规定计算，墙上单面附墙柱，并入墙内工程量计算；双面附墙柱，按柱工程量计算。

4）预制混凝土板间或边补现浇板缝，缝宽在 60mm 以上者，模板按平板定额计算。宽度在 60mm 以内时不计。

5）杯形基础杯口高度大于杯口长度时，套高杯基础定额子目。

6）构造柱外露面应按图示外露部分计算模板面积，留马牙槎的按最宽面计算模板宽度。构造柱与墙接触部分不计算模板面积。

7）现浇混凝土雨篷、阳台、水平挑板，按图示挑出墙面以外板底尺寸的水平投影面积计算（附在阳台梁上的混凝土线条不计水平投影面积）。挑出墙外的牛腿梁及板边模板不另计算。封口梁及翻边，按混凝土与模板接触面积并入阳台、雨篷内计算。

8）钢筋混凝土楼梯包括楼梯段、中间休息平台、平台梁、斜梁及楼梯与楼板连接的梁，按水平投影面积计算。不扣除宽度小雨 200mm 的梯井，伸入墙内的部分不另增加。

9）混凝土台阶不包括侧墙，按图示台阶尺寸的水平投影面积计算，台阶端头及两侧不另计模板面积。侧模板按与混凝土的接触面积套圈梁定额。

10）柱与梁、柱与墙、梁与梁等链接的重叠部分以及伸入墙内的梁头板头，均不计算模板面积。

11）设备基础螺栓套留孔分别不同深度以"个"计算。

12）栏板、栏杆按"延长米"计算，栏板、栏杆的斜长按水平投影长度乘系数 1.15 计算。

13）现浇混凝土柱、板、墙和梁的支模高度以净高（底层无地下室者需另加室内外高差）在 3.60m 以内为准，超过 3.60m 的部分，另按超过部分每增加 1m 计算增加支撑工程量。不足 0.50m 时不计，超过 0.5m 按 1m 计算。

14）支模高度净高含义如下。

a. 柱：无地下室层是指设计室外地面至上层板底面，楼层板顶面至上层板底面。

b. 板：无地下室层是指设计室外地面至上层板底面，楼层板顶面至上层板底面。

　c. 梁：无地下室层是指设计室外地面至梁底面，楼层梁顶面至上层梁底面。

　d. 墙：整板基础版顶面（或反梁顶面）至上层板底面，楼层板顶面至上层板底面。

15）劲性混凝土柱模板，按现浇柱定额执行。

（3）垂直运输工程量，按以下规定计算。

1）建筑物基础部分垂直运输按设计室内地坪（±0.00）以下的地下室或半地下室建筑面积以"m²"计算。

2）建筑物上部建筑部分垂直运输按室内地坪（±0.00）以上的建筑面积总和以"m²"计算。同一建筑物有高底层时，应按不同高度垂直分界面的建筑面积分别计算。

3）构筑物垂直运输以座计算，超过规定高度，按每增高1m定额项目计算，高度不足1m按1m计算。

3.3.2.2　按费率计价的方法

按费率计价的方法，是指以计算基数乘以相应的费率计算，此方法计算的施工措施费有：安全文明施工费、夜间施工增加费、二次搬运费、冬雨季施工增加费等。

措施项目清单计价合计费用：施工技术措施费应按照综合单价法计算。施工组织措施费，按照《安徽省建设工程清单计价费用定额》规定计算。

任务 3.4　基于 BIM 技术的计价软件应用

【学习目标】

本任务通过品茗胜算计价软件完成工程量清单计价文件的编制。

【相关知识】

3.4.1　新建工程

选择菜单文件下的【新建】或者点击工具栏的新建按钮，弹出工程设置界面，如图3.4.1所示，依次对如下信息进行设置。

图 3.4.1　工程设置

3.4.1.1　项目基本信息

根据项目情况可选择清单计价的招标、清单计价的投标、定额计价的招标、定额计价的投标，如图 3.4.2 所示。

根据项目信息依次输入项目名称、地区以及文件保存路径，完成设置后点击【下一步】。

注意：若在固定地区进行工程的招投标则可在设置完上述内容后，点击【设为默认】，避免下次重复新建。

图 3.4.2　计价方式

3.4.1.2　计价依据

依次选择计价模板、接口标准及招标文件，如图 3.4.3 所示。

注意：如非电子招投标，则无须设置接口数据与招标文件。

图 3.4.3　计价依据

3.4.1.3　计价结构

根据工程需求调整项目工程架构，通过右键增加、删除，如图 3.4.4 所示。如果是电子评标工程则自动建立，且无法调整。

图 3.4.4　计价结构

3.4.1.4　完成新建

核实无误后，点击【ok】完成工程新建，如图 3.4.5 所示。

图 3.4.5　完成新建

3.4.2　界面简介

本软件采用全新架构，整个项目为一体式结构，点击相应模块即可切换，如图 3.4.6 所示。

图 3.4.6　软件界面（一）

点击单位工程下的【建筑】命令，进入【分部分项】界面，如图 3.4.7、图 3.4.8 所示。

图 3.4.7　软件界面（二）

图 3.4.8　分部分项

3.4.3　组价

3.4.3.1　清单定额输入

点击【分部分项】或【措施项目】进行清单定额的输入，软件包含手动输入和 Excel 表格导入两种方式。

1. 手动输入

（1）智能联想输入：在编码位置手动输入清单或者定额的编码，则会出现智能联想的提示，根据提示快速找到需要的清单定额，如图 3.4.9 所示。

注意：可通过键盘上的上下键选择其他章节。

图 3.4.9　智能联想输入

（2）项目指引输入：双击编号/名称栏，弹出项目指引窗口，根据需求选择对应清单，如图 3.4.10 所示。

图 3.4.10　项目指引输入

（3）手动输入清单或定额编号：在编号栏中手动输入清单或定额编号并回车。

注意：清单编号输入前 9 位或 12 位均可。

（4）自动识别：若在定额编码位置输入一个数值，则会自动套用上一条定额的章册。如已经套有 6～9 定额，在下一行需要套用 6～10 时，直接输入 10 并回车即可。

2. Excel 表格导入

（1）点击功能栏【数据】中的【导入数据】，在导入界面下选择工作表，点击确定完成导入，如图 3.4.11 所示。

图 3.4.11　导入数据

（2）拖动 Excel 文件至不同区域，软件会自动识别导入表格内容。

注意：当无法自动识别表格时，软件可自动弹出手动输入窗口。

3. 快速组价

（1）项目特征快速组价：选中需要组价的清单，软件可根据项目特征生成定额指引，对照输入可以以最快的速度完成组价，如图 3.4.12 所示。

图 3.4.12　项目特征快速组价

（2）利用历史工程快速组价：软件可利用已有工程（或者当前工程中其他专业工程），把相同清单下的定额复制到当前专业工程下，大大减少工作量。

点击【清单快速组价】中【利用历史工程自动组价】命令，设置匹配规则，点击确定完成组价，如图 3.4.13 所示。

图 3.4.13　利用历史工程快速组价

（3）利用当前专业工程组价：选中清单，点击工具栏的【清单快速组价/利用当前专业工程组价】功能，可把当前清单下定额有选择的复制到指定清单下，如图 3.4.14 所示。

图 3.4.14　快速组价一

从其他类似清单中，选择其中一条复制到当前清单：选择一条空白清单，选择从其他清单复制，如图 3.4.15 所示。

图 3.4.15　快速组价二

3.4.3.2　换算及费用处理

1. 系数换算

当套用的定额有换算时，定额编号后面有一个"换"字。点击【换】字可弹出换算窗口，如图 3.4.16 所示。

基本信息							
序号	特项	主要清单	编号	名称		项目特征	单位
⊟ 1				分部分项			
⊟ 1				[请输入分部名称,电子评标勿删]			
⊟ 1		☐	010101001001	平整场地			m2
1			1-15　换	挖掘机挖一般土方 不装车 三类土			100m3
2							

图 3.4.16　系数换算

根据实际情况勾选换算内容，如图 3.4.17 所示。

定额换算 [1-15] 挖掘机挖一般土方 不装车 三类土	×
标准换算	**换算内容**
☐ 挖桩承台土方时:	基价乘1.1;
☐ 在强夯后的地基上挖土方时:	人工费乘1.15;机械费乘1.15;
☐ 在有支撑的基坑内挖土(挖深6m内)	基价乘1.2;
☐ 在有支撑的基坑内挖土(挖深6m以上)	基价乘1.4;
☐ 土壤25%<含水率≤40%	基价乘1.15;
☐ 在垫板上工作	基价乘1.25;增加其他材料费14;
☐ 遇平基土方(山坡切土)且不清底修边时	一类人工等于0.384;
☐ 自定义系数	▼
☐ 不自动显示此窗体	确定(O)　取消(C)

图 3.4.17　定额换算

确定后，定额号的后面会出现不同的图标（"换"字右下角有一个对勾）表示这个定额有换算。同时点击"换"字按钮，都会出现之前换算的记录，可以继续进行调整。

2. 混凝土和砂浆（干混、湿拌砂浆换算）

根据安徽省相关规定，对干混、湿拌砂浆换算进行推广，软件在此模块做了相应开发调整。如套用土建定额3-13，在弹出的换算窗中，选择【预拌砂浆】，根据需求选择干混砂浆/湿拌砂浆，确认无误后点击确定，如图3.4.18和图3.4.19所示。

图3.4.18 砂浆换算

图3.4.19 预拌砂浆换算

注意：可批量选择多条定额，点击【批量功能】中的【批量数据换算】，如图3.4.20所示。

图 3.4.20　批量数据换算

3. 增减定额换算

如套取土建定额 10-1，在换算内容中输入厚度如 25mm，后面的余数处理默认为：余数进一。当有特殊计算方法时，可以选择相应的算法，如图 3.4.21 所示。

图 3.4.21　余数处理

4. 混凝土模板定额自动计算

如套取土建定额 4-7，勾选具体的混凝土定额，此时会自动出现混凝土清单，在点击后，可继续调整清单，如图 3.4.22 所示。

注意：如果支模高度超过 3.6m，可点击定额的【换】进行调整，完成后模板的工程量就根据含模量进行自动计算，并汇总到指定清单下，如图 3.4.23 所示。

5. 安装主材换算

如套取安装定额 8-365，点击换算，在换算窗口下可根据需求对名称、规格型号、单价等进行调整，如图 3.4.24 所示。

图 3.4.22　定额自动计算

图 3.4.23　模板换算

图 3.4.24　主材换算

当换算当前工程已经出现过的主材时，在已经套出的定额下，选择"人材机明细"插页，选中主材（主材默认在最前面），右键选择【换算人材机】。

在弹出的【指引】窗口，选择工料汇总插页，选择主材设备节点，在右侧界面下双击选择所需主材，如图 3.4.25 所示。

图 3.4.25 人材机指引

安装专业往往需要把主材和定额的名称做相应处理，软件提供专门的功能。在定额的人材机明细插页，选中主材右键，选择【提取未计价材料名称】，如图 3.4.26 所示。

图 3.4.26 提取未计价材料名称

（1）提取主材作为定额名称：把当主材的名称＋规格，复制到定额的名称位置，如图 3.4.27 所示。

图 3.4.27 提取名称

（2）提取定额名称作为主材名称：和第一个功能相反，此功能会把定额的名称，作为主材的名称。

（3）提取项目特征作为主材名称：软件会自动提取定额所属清单的项目特征，调整后即会把内容作为主材的名称。

6. 土建超高增加费和安装册说明的处理

（1）土建超高增加费：在土建专业工程中，分部分项或者技术措施的面板下选择【专业功能】，并选择【计取超高降效费】，如图 3.4.28 所示。

根据工程情况输入各檐高对应的建筑面积，点击确定即可。如果希望汇总到不同清单，可点击汇总到按钮，如图 3.4.29 所示。

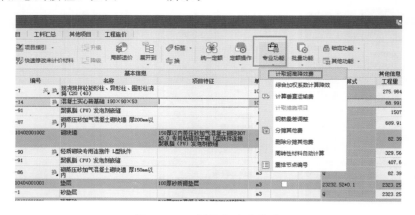

图 3.4.28 计取超高降效费

弹出图 3.4.30 所示界面后，选择人工降效的清单，再选择机械降效的插页，点击确定后，可自动填充清单号。

点击确定完成定额套用，工程量可自动计算，且前面定额发生变化，降效费用也发生相应变化，如图 3.4.31 所示。

（2）安装工程费：在安装专业工程中，分部分项或者技术措施的功能按钮中选择【专业功能】，并选择【计取安装工程费】，如图 3.4.32 所示。

图 3.4.29　超高降效设置

图 3.4.30　汇总位置处理

图 3.4.31　降效费用对话框

图 3.4.32　计取安装工程费

　　弹出如图 3.4.33 所示窗口后，勾选需要计取的费用，选择计取方式，同时选择费用汇总的位置并勾选统计的章册。在右边显示计取费用的概况，点击确定，技术措施可自动套用定额和计算相关费用。

　　注意：如果是高层增加费以及超高增加费，则还需要在第四步选择层高（高度），如图 3.4.34 所示。

　　7. 安装刷油保温

　　在套用安装第七、第八、第十册时，软件可以自动完成刷油保温定额的计算。如套取定额 7—1，在 A 区域内输入必要参数包括定额工程量、管道外径、绝热层厚度、保护层厚度，在 B 区域内选择分类，点击确定完成设置，如图 3.4.35 所示。

　　此时软件自动进行镀锌钢管的套用，同时套用刷油保温的定额，且其工程量自动根据镀锌钢管定额的工程量变化而变化。

图 3.4.33　计取安装工程费

图 3.4.34　高度设置

图 3.4.35　安装刷油保温

3.4.4　调整材料价格

3.4.4.1　手动调整人、材、机市场价

完成组价后，切换插页到【工料汇总】界面，根据市场情况手动调整人、材、机市场价，如图 3.4.36 所示。

图 3.4.36　工料汇总

3.4.4.2　调用信息价调整人、材、机市场价

利用"我材助手"或者调用信息价文件：进入工料汇总后，切换到"主要材料"，如图 3.4.37 所示（由于大多情况只需要对主要材料调整，当然在全部工料机也可以）。

图 3.4.37　主要材料

点击我材助手界面下的批量调用价格，如图3.4.38所示。

图 3.4.38 我材助手调用

弹出批量载价界面（图3.4.39）后，根据需要选择各类信息价的地区和时间（时间可以选择多项，软件自动加权），点击调整按钮，可调整载价的顺序（载价的顺序在前面的优先采用，如水泥32.5，即有信息价正刊价格0.35，又有副刊价格0.4）。

图 3.4.39 批量载价

点击下一步，出现预览界面，如图3.4.40所示。

图 3.4.40 批量调用价格预览

在该界面下调整当前工程所对应的价格，例如图 3.4.40 中的水泥 42.5，软件已根据所选择的地区和时间自动进行匹配（有蓝色底色），价格为 0.44 元/kg，同时可以点击0.44 后面的三角形进行调整，如图 3.4.41 所示。

图 3.4.41　价格调整

完成设置后此时"调整后价格"还是 0.44，可右键选择【采用信息价副刊】使之生效，此时价格变为 1.8，且信息价正刊底色变为白色（白色表示不生效的价格，蓝色表示生效的颜色），如图 3.4.42 所示。

其余材料按照以上方法调整。

图 3.4.42　已匹配价格

其他说明：当无所需要地区或期数，可点下载更新（界面右下角）按钮，进入我材助手软件更新，如图 3.4.43 所示。

图 3.4.43　我材助手软件更新

3.4.5　输入费率确定报价

3.4.5.1　费率设置

1. 单独输入

如果各个专业工程的费率独立，则可以各自输入费率，如图3.4.44所示。

图3.4.44　专业工程费率设置

2. 统一设置

当工程需要把费率统一（比如：房建项目的土建、安装一般费率都一致）时，则可以利用【统一费率】功能，把当前专业工程的费率复制到同专业的工程，如图3.4.45所示。

图3.4.45　统一费率

3. 特项（不平衡报价）以及单列的设置

（1）特项（不平衡报价）：点击费率设置下的【增加费率特项】，索引栏中出现"特项1"，选中该项，在右侧输入相应费率，在分部分项中选择相应特项即可，如图3.4.46所示。

（2）单列：点击费率设置下的【增加单列特项】，并选择计税不计费、不计费不计税，商品构件等，此时会增加出特项；在分部分项或者技术措施特项处选择，此时相应清单定额费用即可得到相应处理，如图3.4.47所示。

| 图 3.4.46 费率特项 | 图 3.4.47 单列特项 |

4. 费率输入方法

（1）手工输入：在费率栏下输入费率值，如图 3.4.48 所示。

图 3.4.48 手动输入

（2）下拉选择费率：点击费率后面的按钮，出现下拉选择，根据需要选择即可，如图 3.4.49 所示。

图 3.4.49 下拉选择费率

（3）根据费率库双击输入：在费率窗口，选中某费率，此时下半个窗口自动定位到相应费率，之后双击把费率进行自动填充，如图3.4.50所示。

图 3.4.50　费率库

3.4.5.2　查看费用

直接查看：鼠标移动至项目节点，显示为整个项目的相关费用，移动至单位或者专业工程，则显示相应节点费用。

切换到相应费率插页查看：选择【工程造价】栏，根据需求查看各项费用，如图3.4.51所示。

图 3.4.51　工程造价

3.4.5.3 造价调整

选择项目管理中的项目工程/单位工程/专业工程，点击【造价调整】下的【调整理想造价】，在界面中理想造价位置输入理想价格，如图 3.4.52 和图 3.4.53 所示。

图 3.4.52 造价调整

图 3.4.53 理想造价输入

如符合要求，点击确定即可。同时如果想针对某材料（例如暂定材料等）不调整其价格，则单击"锁定材料不参与调整"，然后选择当前工程中不参与的材料，这样选中的材料的价格就不会变化。

3.4.6 报表输出

3.4.6.1 报表打印

单表打印：点击项目报表，在预览状态下点击打印，弹出打印设置界面，根据需求设置即可，如图 3.4.54 所示。

批量打印：勾选需打印的表格，点击右键选择【批量打印】，如图 3.4.55 所示。

图 3.4.54 报表打印

图 3.4.55 批量打印

3.4.6.2 导出

单表导出：在预览界面下，选择需要导出的表格，点击【导出】，如图 3.4.56 所示。

注意：本软件除了 Excel 表格外，还支持 pdf 以及 rtf 格式，可以根据需要选择：点击导出按钮右面的小三角，出现下列框，选择导出其他类型。

批量导出：勾选需导出的表格，右键选择【批量导出 Excel】，如图 3.4.57 所示批量导出。

图 3.4.56 单表导出

图 3.4.57 批量导出

3.4.7 其他常用操作

3.4.7.1 分部以及清单整理

分部整理：在分部分项界面下选择【定额操作】下的【分部整理】，如图 3.4.58 所示。根据需要选择整理的方式（界面下方会预览出将形成结构的样式，自动生成分部，且只生成章分部），点击确定，如图 3.4.59 所示。

图 3.4.58 分部整理

图 3.4.59 选择分部整理方式

清单整理：在分部分项界面下选择【定额操作】下的【清单整理】，根据需要进行清单智能排序，如图 3.4.60 和图 3.4.61 所示。

因清单整理可能会需要和分部同时整理，则在"分部清单整理"处勾选即可。清单排序规则、整理范围根据需要设定。

3.4.7.2 自补清单定额

在实际工程中，需要套用定额书中不存在的清单或者定额，需手动补充清单、定额：分别在编码、名称、单位、工程量中录入需要的内容，在综合单价中，输入清单（或者定

图 3.4.60　清单整理

图 3.4.61　选择清单整理方式

额）单价，如图 3.4.62 所示。

图 3.4.62　自补清单

注意：自动生成的定额下也有具体材料，可自行根据需求调整。

3.4.7.3　品茗算量数据导入

选择菜单栏【数据】下的【导入品茗算量数据】，如图 3.4.63 所示。选择算量接口数据文件：

（1）选择需要导入的专业工程。

（2）点击【浏览】按钮，选择接口数据文件。

（3）选择需要导入的分部、清单、定额。

（4）技术措施也用同样的方法导入。

（5）选择其他专业工程按照以上（1）～（4）步骤进行操作。

（6）单击确定，完成数据导入。

图 3.4.63　导出算量数据

参 考 文 献

［1］ 何芳. 房屋建筑与装饰工程计量与计价 ［M］. 郑州：黄河水利出版社，2017.

［2］ 何俊，何军建. 房屋建筑与装饰工程计量与计价 ［M］. 北京：中国电力出版社，2016.

［3］ 闫俊爱，张素姣. 建筑工程概预算 ［M］. 北京：化学工业出版社，2015.

［4］ 中华人民共和国住房和城乡建设部. 建设工程工程量清单计价规范：GB/T 50500—2013 ［S］. 北京：中国计划出版社，2013.

［5］ 中华人民共和国住房和城乡建设部. 房屋建筑与装饰工程工程量计算规范：GB/T 50854—2013 ［S］. 北京：中国计划出版社，2013.

［6］ 中华人民共和国住房和城乡建设部. 建筑工程建筑面积计算规范：GB/T 50353—2013 ［S］. 北京：中国计划出版社，2013.

［7］ 安徽省建设工程造价管理总站. 安徽省建设工程工程量清单计价办法（建筑及装饰装修工程）［M］. 北京：中国建材工业出版社，2018.

［8］ 安徽省建设工程造价管理总站. 安徽省建设工程计价定额（共用册）［M］. 北京：中国建材工业出版社，2018.

［9］ 安徽省建设工程造价管理总站. 安徽省建筑工程计价定额 ［M］. 北京：中国建材工业出版社，2018.

［10］ 安徽省建设工程造价管理总站. 安徽省建设工程费用定额 ［M］. 北京：中国建材工业出版社，2018.